“十二五”国家科技支撑计划子课题资助(批准号:2013BAK06B01)
国家安全监管总局2016年安全生产重大事故防治关键技术科技资助
(批准号:anhui－0001－2016AQ)

煤矿突水水源的激光光谱检测技术研究

周孟然　闫鹏程　著

合肥工业大学出版社

图书在版编目(CIP)数据

煤矿突水水源的激光光谱检测技术研究/周孟然，闫鹏程著．—合肥：合肥工业大学出版社，2017.3

ISBN 978-7-5650-3301-8

Ⅰ．煤…　Ⅱ．①周…②闫…　Ⅲ．①煤矿—矿井突水—水源—激光光谱—检测—研究　Ⅳ．①TD742②0433.5

中国版本图书馆 CIP 数据核字(2017)第 053487 号

煤矿突水水源的激光光谱检测技术研究

周孟然　闫鹏程　著　　　　责任编辑　陆向军　刘　露

出　版	合肥工业大学出版社	**版　次**	2017 年 3 月第 1 版
地　址	合肥市屯溪路 193 号	**印　次**	2017 年 3 月第 1 次印刷
邮　编	230009	**开　本**	710 毫米×1010 毫米　1/16
电　话	总　编　室：0551-62903038	**印　张**	9.75
	市场营销部：0551-62903198	**字　数**	175 千字
网　址	www.hfutpress.com.cn	**印　刷**	合肥现代印务有限公司
E-mail	hfutpress@163.com	**发　行**	全国新华书店

ISBN 978-7-5650-3301-8　　　　定价：29.80 元

前　言

在国民经济发展中，煤炭占据着重要地位。现今中国95%左右的煤炭产量来自井下开采，且随着时间的流逝，浅部煤炭开采殆尽，许多矿井逐步向纵深发展，这就会受到井下恶劣水文地质环境的影响。我国地域辽阔，地质构造多样，因此出现煤矿突水的概率和危险性也较大。现阶段对煤矿的突水预防多使用以下几种技术：(1) 地质勘探技术。获取水文地质构造情况，提前规避危险水源。(2) 水源识别技术。获取含水层或涌水水源类型，确定地下水分布或进行煤矿涌水危险度评价。(3) 水参数实时监测技术。获取水压、涌水量、电导率等实时水参数，实现涌水的实时监测预警。三种技术中，地质勘探技术后期进行的水文地质构造分析需要水源识别技术支持，鉴于突水发生的突然性，水参数实时监测技术对于突水预警意义不大。因此，如何快速地进行煤矿水源识别，无论是对于煤矿的水文地质研究还是预防突水灾害都具有重大意义。这些技术在实际的煤矿生产中也存在以下不足之处：(1) 对水文地质和构造等勘察资料的详细程度依赖性高。(2) 对规模相对较小的含导水构造难以查明。(3) 水源识别多以水化学方法为主，耗时较长（需1～2小时)，且准确率相对较低。(4) 多采用机械类传感器或电阻类传感器，需防爆处理，抗干扰性能差。

针对这种状况，作者提出一种新型快速的煤矿水源识别方法，即采用激光诱导荧光技术（Laser Induced Fluorescence)，以煤矿不同含水层水源作为研究对象，通过获取煤矿不同含水层水源的荧光光谱信息，建立突水水源的光谱数据库，并以此为依据，构建突水水源的快速识别模型。该系统在数据库完备的情况下，仅需数秒即可完成水源的快速识别，为进一步开发基于激光诱导荧光技术的煤矿突水水源快速识别模型奠定了理论和技术基础，从而实现煤矿的安全生产以及为突水灾后救援提供了快速判别依据。本书的主要研究成果和结论如下：

1. 根据光学原理和煤矿特征，构建了适用于煤矿特征的激光诱导荧光水源快速识别系统，设计了相应的本安电源，开发了煤矿水源快速识别软件。

2. 以淮南新集一矿的奥灰水、老窑水、冲积层水、砂岩水和灰岩水作为实验对象，建立了水源快速识别的 SIMCA 模型和 PLS-DA 模型。在 SIMCA 模型中，原始光谱经 Gaussian-Filter 预处理，在主成分数为 2，显著性程度 $\alpha=5\%$ 的情况下，对建模集样品进行识别，5 种水样模型对水样样本的识别正确率皆达到 100%，对验证集中样本进行识别时，5 种水样模型对水样样本的识别正确率也皆达到 100%。在 PLS-DA 模型中，根据 PLS 原理建立 5 种水样的 PLS-DA 模型，各模型建模集的识别正确率皆达到了 100%，相关系数 r 依次达到了 0.976，0.996，0.982，0.971，0.993，*RMSECV* 依次达到了 0.087，0.040，0.073，0.079，0.047；对验证集的识别正确率也皆达到了 100%，*RMSEP* 依次达到了 0.116，0.054，0.089，0.123，0.061，表明 LIF 技术结合 PLS-DA 模型可以用于淮南新集一矿水源的快速识别。

3. 以大同燕子山煤矿的老窑水、冲积层和砂岩水作为实验对象，验证所建立的 SIMCA 模型和 PLS-DA 模型的可行性。在 SIMCA 模型中，原始光谱经 Moving-Average 预处理，在主成分数为 2，显著性程度 $\alpha=5\%$ 的情况下，对建模集样品进行识别，3 种水样模型对水样样本的识别正确率皆达到了 100%，对验证集中样本进行识别时，3 种水样模型对水样样本的识别正确率也皆达到了 100%，验证了 LIF 技术结合 SIMCA 模型可以用于煤矿水源的快速识别。在 PLS-DA 模型中，根据 PLS 原理建立 3 种水样的 PLS-DA 模型，各模型建模集的识别正确率皆达到了 100%，相关系数 r 依次达到了 0.997，0.991，0.987，*RMSECV* 依次达到了 0.037，0.065，0.069；对验证集的识别正确率也皆达到了 100%，*RMSEP* 依次达到了 0.062，0.093，0.151，验证了 LIF 技术结合 PLS-DA 模型可以用于煤矿水源的快速识别。

4. 以建立的水源快速识别模型为基础，结合矿井突水实例，建立一种突水预警模型。以大同燕子山煤矿水样为实验对象进行了模型验证，依据建立的 SIMCA 模型和 PLS－DA 模型对冲积层水 & 砂岩水和老窑水 & 砂岩水，以及一种正常水样砂岩水进行水源快速识别。在 SIMCA 模型中，原始光谱经 Moving－Average 预处理，在主成分数为 2，显著性程度 $\alpha=5\%$ 的情况下，对建模集样品进行识别，3 种水样模型对水样样本的识别正确率皆达到了 100%，对验证集中样本进行识别时，3 种水样模型对水样样本的识别正确率也皆达到了 100%，证明了 LIF 技术结合 SIMCA 模型用于井下在线式水源快速识别预警模型的可行性。在 PLS－DA 模型中，根据 PLS 原理建立 3 种水样的 PLS－DA 模型，各模型建模集的识别正确率皆达到了 100%，相关系数 r 依次达到了 0.992，0.989，0.985，*RMSECV* 依次达到了 0.041，0.073，0.087；对验证集的识别正确率也皆达到了 100%，*RMSEP* 依次达到了 0.075，0.108，0.197，证明了 LIF 技术结合 PLS－DA 模型用于突水预警的可行性。

5. 对比建立的 SIMCA 模型和 PLS－DA 模型对煤矿水源的识别结果，发现两者皆可以进行较佳的水源识别，但是相对而言 PLS－DA 模型可体现出更高的判别能力，且无须进行光谱预处理，步骤相对简化。

综合运用本研究的技术结论，构建煤矿水源类型的快速识别模型，以淮南新集一矿与大同燕子山矿的相关水样进行分类建模验证。通过 LIF 系统获取水样荧光光谱，经过光谱预处理对水样荧光光谱进行数据分析，将处理后的光谱信息带入分类识别模型，确定水源类型，即可进行涌水危险程度评价。模型的搭建对于煤矿水害的预防意义重大，以本模型为基础开发的设备已作为突水监测预警子系统进行测试应用，其经济、社会效益显著。

本书从实际出发，力求为煤矿的井下突水预警及安全生产和科研工作者提供借鉴，同时也对煤矿突水的监测提供了一个全新的手段和方法。本书共分为 9 章，主要内容包括绪论，煤矿水源概述，荧光光谱分析理论，光谱数据分析，LIF 系统的构建，水源快速识别建模，水源快速识别模型验证，煤矿突水预警建模，总结及展望等。

本书在编写过程中，得到了相关煤矿企业和同行的大力支持，同时本人所培养的博士研究生闫鹏程（现为安徽理工大学教师），硕士研究生刘栋、胡峰、张杰伟等在本书的编辑过程中都付出了辛勤的劳动，在此向他们表示衷心的感谢！

由于编写时间仓促，加之水平有限，书中疏漏之处在所难免，恳请读者提出宝贵的意见和建议。

周孟然

2017年3月

目　录

1 绪 论

1.1 煤矿安全生产的重要性

现阶段我国产业正向资源节约型转型，但是不可忽视的是我国经济的发展主要还是依靠能源的消耗。虽然2014年中国的能源消费量出现了大幅下降，但在全球能源格局中，中国仍占据重要地位，在全球能源的生产、消费以及净进口比例方面，中国仍位居首位。

由于全球经济的发展，能源在其中的作用愈加明显。当今世界的能源主要由石油、天然气、煤炭、核能、水电、可再生能源六类构成。据2015年BP能源公司发布《BP世界能源统计年鉴2015》统计的2014年数据显示，全球的一次能源消费量主要以石油为主，约占能源结构的三分之一，其次为煤炭，世界主要国家的能源结构中也主要以石油和天然气为主（如美国和俄罗斯等），而在中国的一次能源消费量中，煤炭在能源结构中占比达到66.03%，从没有哪个国家像中国这样，煤炭在能源结构中占有如此重大的比例。由表1-1可见，在煤炭探明储量方面，中国以占世界总量比例的12.8%位居世界第三位，仅次于美国的26.6%和俄罗斯的17.6%。在煤炭产量方面，由2004—2014年的煤炭产量表可以看出，中国一直稳居世界第一，其2014年煤炭产量占世界总量的46.9%，接近世界煤炭产量的一半，远高于2014年煤炭产量排名第二的美国（12.9%）和第三的印尼（7.2%）。在煤炭消费量方面，由2004—2014年的煤炭消费量可以看出，中国同样一直稳居世界第一，其2014年煤炭消费量占世界总量的50.6%，超过世界煤炭消费量的一半，远高于2014年煤炭产量排名第二的美国（11.7%）和第三的印尼（9.3%）。

表1-1 2014年全球主要国家一次能源消费量

单位：百万吨石油当量

	石油	天然气	煤炭	核能	水电	可再生能源	总计
美国	836.1	695.3	453.4	189.8	59.1	65.0	2298.7
俄罗斯	148.1	368.3	85.2	40.9	39.3	0.1	681.9
中国	520.3	166.9	1962.4	28.6	240.8	53.1	2972.1

（续表）

	石油	天然气	煤炭	核能	水电	可再生能源	总计
世界	4211.1	3065.5	3881.8	574.0	879.0	316.9	12928.4

据BP能源公司发布的《BP 2035年世界能源展望》显示，中国的煤炭消费量将在以后较长的一段时间内保持稳定的增长趋势，预计在2025年达到顶峰，然后在随后的十年里保持平稳。与此同时，在2015—2035年这段时间内，煤炭在一次能源消费中占有比例也将出现最大幅度的下降，尽管如此，其在2035年中国一次能源的消费结构占比中预计仍将达到51%，在六大类能源中仍将位居第一。

由此可见煤炭产业在中国的经济发展中占有重要地位，是国民经济的支柱产业，因此煤矿的安全生产也就是关乎民生、国家经济命脉的大事，对于关乎煤矿安全生产的各项事宜必须给予足够的重视。

煤矿产业的安全生产一直是我国各项生产中的重中之重，但是以瓦斯、水害、火灾、顶板、粉尘为代表的五大类矿难事故频发，其中水害事故无论是在发生次数上还是死亡人数上皆仅次于瓦斯事故，位居矿难灾害事故的第二位。由表1-2可见，世界主要产煤国的煤炭开采主要集中于露天开采，对于井下开采占比不大，而中国的煤炭开采主要集中于井下开采，而且随着开采的不断进行，浅部煤炭开采殆尽，许多矿井逐步向纵深发展。随之而来的就是恶劣的水文地质环境，而且我国地域辽阔，地质构造多样，因此出现煤矿突水的概率和危险性也逐渐增大。据中国煤炭工业协会指出，我国一大批煤矿快速进入深部开采阶段，如淮南的朱集矿采深已达900米，且每年以15～20米继续向下进行，采深超过千米的煤矿已有47处，“亚洲第一深井”山东能源新矿集团孙村煤矿，其开采深度已达到1501米。

表1-2 主要产煤国煤炭开采比例

	露天开采	井下开采
美国	61%	39%
澳大利亚	83.8%	16.2%
中国	5%	95%

我国的煤矿开采受水害威胁较大，600多座重点煤矿受水害威胁的就有285处，仅安徽、河北、山东及陕西地区共计385亿吨的煤炭，有突水危险的就达到了39%，尤其是黄淮地区煤矿，水文环境恶劣，地质构造多样，受水害的威胁更大。据国家煤矿安全监察局从2011年发布的“十一五”期间全国

煤矿水害事故分析报告可以看出，我国的煤矿水害事故状况依然严峻，虽然事故发生起数逐年下降，但是死亡人数并没有显著降低，特别是死亡人数在10人以上的重特大水害事故没有明显改善（见表1-3所列）。进入“十二五”以后，煤矿水害依然没有下降趋势，2015年1月30日18时55分，淮北矿业集团公司朱仙庄煤矿采煤工作面发生一起突水事故，死亡7人；2014年8月14日11时10分，黑龙江省鸡西市城子河区安之顺煤矿发生重大水害事故，死亡16人；2013年2月3日凌晨零时35分许，安徽宿州市桃园煤矿井下南三采区1035切眼掘进工作面发生透水事故，当班443人逃出虎口，1人失踪；2012年5月2日，黑龙江省鹤岗市峻源二矿井下采煤工作面发生透水事故，造成13人死亡；2011年10月11日，黑龙江省鸡东县金地煤矿发生透水事故，造成13人死亡。

表1-3 “十一五”期间全国煤矿水害遇难统计

年份	全国煤矿事故统计		其中水害事故统计							
					3～9人		10～29人		30人以上	
	事故/起	遇难/人	事故/起	遇难/人	事故/起	遇难/人	事故/起	遇难/人	事故/起	遇难/人
共计	10339	16811	306	1325	114	577	22	344	4	162
2006	2945	4746	99	417	40	213	4	68	1	56
2007	2421	3786	63	255	28	146	3	56	0	0
2008	1954	3215	59	263	17	81	7	99	1	36
2009	1616	2631	47	166	16	77	4	54	0	0
2010	1403	2433	38	224	13	60	4	67	2	70

1.2 研究现状与存在的问题

1.2.1 研究现状

1）突水预警研究

在国外，煤矿突水问题也困扰其煤矿生产，故而其对煤矿突水的定义以及形成机理都有一套详尽的研究分析。国外在探究矿井水害机理和判别突水水源类型方面始终走在前列。早期的突水预警研究不过是基于对过往煤矿水害事故的整合。力学因素在20世纪40年代被引入分析，基于此相对隔水层这一名称由匈牙利的威戈·弗仑司首先提出，并认为隔水层跨度和水压皆会影响煤矿的底板突水。使用经典力学中的静力学作为分析手段，苏联的司列沙廖甫重点分析了承压水对矿井底板的损害。60～70 年代这一时期，以隔水层各属性参数为主的地质因素在静力学分析的同时被逐渐重视。70～80 年代这一时期，煤矿专家主要以分析矿井底板损害机理为主。最近这一时期，构建地下水运移模型被澳大利亚的煤矿专家所使用，以模拟井下的水文地质环境。伴随着理论研究的指导，以及地质探测技术的与时俱进，多种地质探测设备应运而生，此类设备可以相对高效地辨识底板的损伤程度，可用于验证理论的正确性，对含水层煤炭的开采提供了安全保障。50～60 年代，苏联专家就在探测煤矿地质的过程中使用了直流电法，并在长时间的实践中得到了大量的应用勘探经验，较好地将其应用于矿井建设以及生产等过程中出现的地质问题，尤其是煤矿的水文环境勘探。70 年代后，在矿井勘探以及水文环境探查方面开始使用了探地雷达，如匈牙利学者 J. CsKofiS 在勘探含水煤层构造时使用了直流层测深技术，效果良好。近年来，伴随着电子通信科技的飞速发展，越来越多的尖端技术被应用于保障煤矿安全中，各种各样的高新技术地质勘查装置使用在矿井的生产建设中，对于防治水害具有很重要的意义。其中较为先进的有：德国 DMT 生产的 SUMMIT II ex 井下防爆槽波地震仪，美国 Geometrics 和 EMI 联合生产的 EH－4 连续电导率剖面仪，以及美国 GSSI 研发的 SIR－3000 型探地雷达等。此类设备可高效地勘察矿井未采煤区的水文地质状况，以预先获知含导水构造等。其他还有一些高集成化系统装备，应用较广的有美国、德国等国研制的 DAN6400、MINOS 和 TST 等系统，其可以进行监控煤矿安全生产的多个流程，包括一氧化碳浓度和水灾等，但是此类系统价格多较为昂贵且维护困难，且国内技术日益成熟，因此逐渐摒弃。

突水预警在国内的研究相对来说较为迟缓，50 年代，一些煤矿专家和学者提出矿井水害的发生与断层、水压等有一定联系。60～70 年代，煤科总院对突水系数的定义，使得一些关键问题的研究得到突破，同时也认识到矿井水害的发生和矿井底板的损坏有着直接关系，并在某些煤矿进行了实地勘探与验证。70 年代末，相关煤矿专家和学者研究了带压开采和煤深之间的关系，得到了大量对煤矿实际生产建设具有指导意义的结论。80～90 年代，结合多年来一些典型煤矿在突水和水文地质勘探方面积累的资料，相关专家提出了“原始导高”这一理念，指出底板突水为煤矿水害频繁发生的根本原因，并据此对某些煤矿的隔水层底板进行了实地探测和数据采集。

在突水预警的方法方面国内多使用如下几种。①瞬变电磁法：以接地导线（不接地回线）为发射装置朝待测区域发射磁冲，使用相应的接收装置获取井下媒介中产生的受激场效应，据此即可获知被测区域的电阻率分布。其优点在于可勘察深度和对低电阻率感应敏锐，因此可在富水性强含水层进行勘察，但是在煤层较深时纵向的分层识别不准确。②直流电法：根据矿井中煤、水、砂等介质的导电性不同，以稳流源向待测区域输出电流，通过探测待测区域的电流场布局，确定煤、砂、水等的煤层构造布局。体积效应是其不足之处，会干扰对异常体位置的正常识别。③红外探测：矿井地质结构中出现的晶格及分子振动将会往四周岩体发射红外射线，进而形成一个场区。对采煤工作面来说，若工作区域四周藏有含水区，那么煤层岩体的密度以及媒介组成会出现改变，随之出现一个异常红外场区，并影响正常红外场，导致其发生改变。鉴于实体所占区域一定小于其产生的红外场区，因此即能根据场的动态预先获知含水区域位置。④探地雷达：异常体的出现会导致其边界区域的正常岩层被损坏，而岩体的损坏程度会影响到其对电磁波的损耗，通常情况下电磁波在未发生损坏的岩层中速度快，反之则较慢，反映到雷达波形上，即会出现较为显著的异常体边缘。其缺点在于电磁方程存在多解，尤其是待测区域煤层相对介电常数的大小对勘察的准确度影响巨大。除上文所述，遥感勘查以及放射性勘查在煤矿建设中也较为常用，但是皆不能满足突水预警所要求达到的勘查范围。由于能源需求及开采利用的不同，国内外应用激光诱导荧光技术（Laser Induced Fluorescence，LIF）判别煤矿突水水源的研究文献尚无。

在突水预警的理论方面国内形成了如下学说：下三带理论、隔水层理论、突水系数理论和板模型理论。国内煤矿科技工作者对煤矿水害形成机制的探究集中体现于矿井底板突水问题上。煤炭科学研究院联合一些煤矿高校先后选取了焦作、淮南、开滦等矿区的若干煤矿进行了底板深部破坏现场的数据收集工作，检测了突水发生前后长观孔中弹性波以及水压的动态情况，结合底板改变状况，得到了与突水相关的一系列动态物理参数，并据此建立了相关模型以用于突水辨识，开发了相应装置以用于检测前兆。一系列实验证明对矿井突水事故进行预测具有一定的科学性。然而因为装置和技术上存在诸多缺陷，此类系统仅可在短时间内进行小范围且较为简易的检测，对于煤矿安全生产所渴望建立的全方位二十四小时不间断水害预警系统，显然无法达到，不过此类系统的设计却给后继相关问题的探究提供了借鉴。

21世纪以来，伴随着互联网的普及和电子通信技术的飞速进步，检测装置出现了高度集成化，大量突水综合检测仪器被研发。煤科院在借鉴国外先进安全监控系统的同时，研制开发了适宜于我国煤矿生产特点的一系列安全监控预警系统，较为代表性的如KJ90系列，可全面监测预警包含水灾在内的多种灾害事故的发生。中煤科工集团的靳德武、刘英锋等人研制了一套以光纤光栅为主导的新型煤层底板突水预警系统，并在东庞矿北井进行了初步实验，效果良好。山东大学的白继文、李术才等人针对王楼煤矿的突水防治需求，构建了深部岩体断层滞后突水多场信息监测预警研究，实现了矿井的安全开采。中国矿业大学的刘志新和同济大学的王明明为实现监测回采中导含水的实时状态，提出环工作面电磁法底板突水监测技术，较好地解决了这一难题。中国矿业大学（北京）的武强、张志龙等人解决煤层底板突水的预警问题，相继提出了主控指标体系法和脆弱性指数法，并具体分析了其在太原东山煤矿的作用特征与方式。龙口矿业集团有限公司的王兰健、韩仁桥针对龙口矿区采煤区的位于海下的特点，建立了海下采煤的水情监测预警系统，用于监测顶板水以及海水。太原理工大学的张雪英、成韶辉等人以ArcGIS Engine软件为平台，利用瞬变电磁法原理建立了矿井突水预警信息系统，并在山西西山晋兴能源有限公司斜沟煤矿投入使用。山东科技大学的张亮、陶士西等人以Labview软件为平台，采集突水数据，针对铜川矿业公司下石节煤矿实际需要，建立了矿井工作面突水预警系统，系统具有远程分析、实时预警等特点。中国矿业大学（北京）的贾明魁和北京科技大学的姜福兴以高精度地震监测技术为手段，对采煤区底板、顶板进行破裂深度监测，并在演马庄矿应用，证明了微震技术进行预警的可行性。中煤科工集团西安研究院的张雁和中山大学的吕明达通过对现有预警系统的总结分析，对其中的关键技术如：装置精度、钻孔分布、参数和阈值设定等进行了分析和优化。山东大学的刘斌、李术才等人通过对矿井突水灾变过程电阻率约束反演成像实时监测模拟研究，实现了对岩层断裂等的监控成像，可提前得到突水前兆，进而进行水害预警。华北科技学院白越、王经明为了解决每层地板破裂产生微震，而检测震源是确定突水部位这一关键问题，采用微震监测技术在矿区煤矿进行了底板突水预测实验研究，发现微震规律符合煤层底板“递进导升”的突水机理。山东科技大学梁德贤、翟培合介绍了三维高密度电法勘探的原理，以及它的数据采集、数据处理、资料解释，而且重点介绍了三维高密度电法的数据反演方法，得到了电阻率的三维数据体。结合实例，运用切片技术，将得到的三维数据体进行横向、纵向任意切片，揭示了该技术具有采集数据量大、能够进行切片处理、直观立体地展示富水区域等优点，从而更好地为矿井水灾害防治服务。西山煤电（集团）有限责任公司费明泽根据高密度电阻率法的工作原理、装置形式和异常特点，勘察了东曲矿采煤区下沉底板区域，勘察使用高密度直流电法温纳装置，对采集的数据通过基于圆滑约束最小二乘法反演，获得电阻率成像断面色谱图，结合已知异常地质体的电性特征，对矿井含水层富水性进行评价。解释结果表明运煤通道东曲段底板存在一个低阻异常区，且上下连通，应作为底板水防治的重点区域。澄合矿务局张存干、赵建国为了准确探测上层煤老窑采空区积水危险源位置，通过研究采煤工作面顶板老窑采空区性质及其地球物理特征，采用矿井直流电法探测技术研究了顶板采空积水区的分布规律。贵州大学刘超、张义平为煤矿防治水工作提出指导性意见，通过布置在地面的所有电极对地层进行电阻率采集，进而在二维电阻率反演软件中得到二维电阻率断面图，较为直观地反应地下赋水情况，通过现场的实际的工作，圈定了导水裂隙带采空区积水的范围，为煤矿防治水工作提供了准确信息。

2）突水水源识别的研究进展

煤矿防水治水的根本是突（涌）水水源识别，其可以为作为涌水量判别的依据，进而为下一步实施的堵水、疏干等保障措施提供参考。通常情况下，由于地理位置及地层构造的不同，煤矿各含水层水源皆形成了自己特有的水化学及物理特征，这些特征即可作为水源识别的依据。现阶段的矿井水源识别主要是依据水中典型的7种代表离子浓度的不同进行的，其他应用较多的方法还有同位素法、微量元素法、放射性元素法、水温水位法和GIS法等。

（1）代表离子法

长时间的地球物理化学作用造就了不同的地层岩体，而地层岩体又具有不同的物质成分，这也就造成了其含水层构成的物质成分不同。因此不同煤矿的不同含水层其水中离子及浓度也千差万别。通常选择煤矿各含水层区别较大的7种代表离子（K^+、Na^+、Ca^{2+}、Mg^{2+}、Cl^-、SO_4^{2-}、HCO_3^-）作为评价因子对突水水源进行判别。常规的判别步骤如下：①使用皮伯图示、舒卡列夫等经典方法进行煤矿含水层的水质分类；②对比突水水质与已分类含水层水质，判别水源类型。随着数学理论的进步，在原有程序的基础上，一些数学方法也被逐渐使用在离子法突水水源判别中。

辽宁工程技术大学的刘剑民、王继仁基于模糊综合评判和矩阵方程分析数学原理，分别建立了矿井突水的模糊综合评判和矩阵方程分析模型；在水化学分析的基础上，建立了水样6项指标评判标准，利用两种方法分别对某煤矿3个不同突水巷道样本进行了水源辨识，然后和实际样本进行了对比。实验发现，模糊综合评判与矩阵方程分析皆可准确地辨识煤矿突水水源类型，但各有其优越性及局限性，选择何种判别方法应视矿井突水水化学资料状况而定。中南大学的宫凤强、鲁金涛等人使用主成分分析和距离判别分析法对突水水源进行了识别，并在淮南老矿区谢一煤矿不同水层的水化学特征资料中进行了验证和应用。合肥工业大学的张瑞钢、钱家忠等人以各水质指标的统计值F来量化各指标的识别能力，使用淮南谢桥矿水样进行建模，并与一些常用方法进行了比较，证实了模型的可行性。福州大学阳富强、刘广宁等人使用SVM算法对常规代表离子进行简化，运用GA-BP神经网络模型进行分析辨识，并将模型应用于河南焦作矿区，证明了该指标体系的可行性。中国矿业大学的闫志刚、白海波建立了矿井涌水水源识别的MMH-SVM模型，实验发现其可以正确地辨识各类水源，且可以清晰地反应各含水层之间的层次关系。太原理工大学的冯琳、王子中等人提出了基于EIM和FCE的矿井突水水源判别方法，发现改进后的判别模型较原始模型正确率有大幅度提升。

（2）同位素法

因为同位素较难吸附，且基本不和别的成分出现反应，但是对于水的守恒以及示踪效果较佳，因此对于探究含水层起源，测量水文环境属性，追踪含水层规律等方向的应用较为广泛，特别是某些同位素在自然界中天然存在，且化学性质稳定，使用更为广泛。英国的 M. Geobe 等人对德国的明斯特兰地下卤水使用同位素 Sr 和 $\delta^{18}O$，$\delta^{2}H$，^{3}H 进行起源探索，得到了其是多个含水层水源聚集和岩-水互作用的结果。河海大学的黄平华、陈建生等人利用采取并测定了各种水体（泉水、地表水、第四系水、砂岩水、太灰水和奥灰水）的氢氧同位素（$\delta^{18}O$，$\delta^{2}H$，^{3}H）和常规水化学离子，得到了矿区浅层孔隙水和深层裂隙水 $\delta D-\delta^{18}O$ 组成关系，对比分析地下水、地表水和泉水的 $\delta^{18}O$，$\delta^{2}H$，^{3}H 及 Cl^{-}、TDS 特征，结果可以很好地确定焦作矿区地下水来源。

（3）微量元素法

使用微量元素进行的含水层标型能获取小范围内的水文地质变化和地层水循环的特点参数，因此可以根据标型的微量元素的运动特征捕捉到矿井突水发生前的一系列水化学特征，据此进行的突水预警和突水水源识别的研究具有重要的应用价值，意义重大。意大利的 Vincenzi. V 等人使用微量元素示踪的原理对煤矿排水进行了分析，实验效果良好。合肥工业大学的陈陆望和安徽理工大学的桂和荣等人利用任楼井田及所在临涣矿区其他生产矿井的长观孔、矿井出水点从上而下分别取第四系第四含水层、二叠系煤系砂岩含水层、石炭系太原组岩溶含水层及奥陶系岩溶含水层 24 个水样，测试了 24 种微量元素的浓度。根据探究 4 类主要含水层微量元素浓度和聚类特点，得到了 Ba、Cs、Sr、Zn、Ga、U、Zr、Be 8 种主要突水含水层的标型微量元素，建立了以标型微量元素作为解释变量的突水水源 Bayes 线性判别模型。以 24 个水样为训练样本，得到模型判别正确率达到了 80%，并发现了水文地质作用和地层水循环对于识别模型的最终辨识具有相当大的影响。

（4）放射性元素法

主要以对水源中氡（Rn）气的测量为主。根据相关水文地质说明，在不具备放射性的煤矿矿井含水层中，如果其不具有火成岩入侵的特点，那么 Rn 的含量将主要受岩层的破碎程度影响，且将不会高于 37B/L，这也就造成局部区域中 Rn 在奥灰水中的含量会低于其在冲积层水中，此种特点即可用来进行两种水源的识别。一旦矿井涌水中的 Na^{+} 浓度上升显著，且伴随着 Rn 的出现或含量上升，那么即可判断补给源头来自于冲积层。中国矿业大学的张炜、张东升进行了覆岩采动裂隙及其含水性的氡气地表探测机理研究，将氡气测量技术应用于煤炭水源探测识别方面，发现含水层对氡气在覆岩层中运移影响较大。

（5）水温水位法

以受热分布为基准，地壳表层由 3 个温带组成。各温带地下水水温也皆有代表性特点，增温带地下水水温与存在深度成正比例关系；常温带地下水水温和本地平均气温相差不大；变温带地下水水温随着季节的更迭出现细微浮动。

总而言之，含水层水温由所在地层及水文构造决定，是动态和不同的。在煤炭生产建设中，降压排水十分必要，而排水肯定会引起含水层水位的变动，而且在某些存在补给作用的含水层中，如若某含水层水位出现浮动，相联含水层水位亦会出现浮动。水温、水位和水质的变化存在一定关联，这从水文地质原理即可知道。所以一旦出现煤矿水害，特别是一些极端情况，只依靠水中离子进行突水水源识别存在一定误差，此时如将含水层的水温水位因素综合考虑入内，即可在一定程度上增加识别正确率。安徽理工大学的刘文明、桂和荣等人利用此方法开发了“潘谢矿区矿井突水水源 QLT 法判别系统”，并开展了实际应用，取得了一定的效果。

（6）GIS 法

地理信息系统（GIS）发展迅速，目前已在多个行业中有了广泛应用。而在煤矿水文环境方面，也被用来进行突水预警和水源识别。中国矿业大学的孙亚军、杨国勇等人以模糊识别为基础，实现了基于 GIS 的矿井突水水源判别系统，并开展了实际应用。合肥工业大学的马雷、钱家忠等人结合水质水温，实现了基于 GIS 和水质水温的矿井突水水源快速判别系统，并实际解决了淮南矿业集团潘谢矿新生界下含松散孔隙水和石炭系太原组石灰岩岩溶裂隙水化学组分相似的这一难题。

3）LIF 技术的发展

针对化学检测方法的不足，国内外都已经发展了光学检测，如红外探测和遥感技术等，在仪器的测量精度和范围等方面有了较大的提高，然而相对煤矿对于突水预警深度方面的要求，尚无法满足。而且上述技术皆不能进行同电异物的种类识别，例如水与泥的识别，LIF 检测技术作为一种高灵敏度检测方法在生物技术等诸多领域显示出其他检测方法所不可比拟的优越性：①灵敏度在 $10^{-12} \sim 10^{-9}$ mol/L 范围内，精度很高；②对样品要求不高，可实现动态测量；③光谱分辨率高，光源发射谱线纯净。

近几十年来，由于光电技术的飞速发展，光谱分析在理论和实践方面也有了巨大进步，大量的理论与方法如雨后春笋应运而生。在新中国成立初期，我国的光谱分析技术才刚刚起步，相对于国外较为滞后。随着时间的推移，国内的光谱分析技术出现了极大进步，出现了多个知名工作团队。伴随着光谱分析技术的进步，LIF 技术也在较多领域成功应用并取得了发展。天津大学的张鹏、刘海峰等人为研究不同含氧燃料与柴油掺混后碳烟降低机理，在自行设计的燃烧器上构建部分预混层流火焰，采用甲苯和正庚烷混合物，进而应用 LIF 技术测量不同混合燃料的火焰中多环芳香烃（PAHs）的荧光光谱，通过 PAHs 的荧光光谱测量不同燃料火焰中 PAHs 的生成和增长历程。为解决海面溢油样品的含量难以确定的问题，同时考虑海水掺杂及风化等的影响，中国海洋大学的刘倩倩、王春艳等人提出了在较低非线性浓度范围内采集溢油嫌疑样品的同步荧光光谱，实验可以很好区分相近油源溢油样品，外扰对识别率影响也不大，该结论对海洋环境中溢油的实时检测及油指纹数据信息库的建立有重要意义。为了指导水稻的田间施肥，解决因过量施肥造成资源的大量浪费以及环境污染，特别是水体富营养化等问题，武汉大学的杨健、史硕等人搭建了基于紫外 LIF 技术的荧光光谱探测系统，以研究水稻叶片的氮水平与荧光强度的相关性。实验表明采用 LIF 光谱探测技术具有快速无损等优点，且有一定潜力用于定量测量植被营养元素的含量，为采用荧光技术对农作物施氮管理提供了支持。哈尔滨工程大学的王啸宇、谭思超等人将 LIF 技术应用于气液两相流空泡份额的测量中，实验结果表明，利用 LIF 技术测得的空泡份额与理论预测结果符合较好，运用该方法能对流场内的空泡份额分布进行连续测量，且不会对流场造成干扰。安徽光学精密机械研究所的李宏斌、刘文清等人以 LIF 技术对污染水体中的溶解有机物（DOM）浓度进行了分析，并提出基于遗传算法的光谱分离算法对 DOM 浓度进行了定量分析，而煤矿井下突水水源的主要成分是以无机离子的形式存在，两者的水体特征存在明显差异，因此运用 LIF 技术对煤矿突水水源进行判别，有其合理性与科学性。

利用 LIF 技术对矿井突水水源的特征光谱进行识别，具有包括水化学在内的主要方法所不具备的特点，其可进行水源的在线式检测分析，耗时短；对于实验室分析来说，对水样的需求量较少，无须进行预处理，不会破坏水样组成；光源强度和波长皆可调谐，可进行最佳光参数的探索，而且也可进行水源的接触式分析，这是 LIF 技术有别于其他光谱技术的特点之一。

激光诱导荧光方法是目前研究的热点，也是未来的发展方向。基于激光诱导荧光技术能根据煤矿井下环境的变化进行准确的判别和捕捉到突水通道形成的重要前兆信息，为矿井突水灾害的预测提供决策依据，这对矿山灾害防治及煤矿安全生产具有重要的实践意义。

1.2.2　当前研究存在问题

突水预警方面的各种方法重点在于实时监测井下地质变化情况，使用不同的检测方法和传感器进行隔水层板或底板的状态检测，判断含水层是否发生岩层断裂，进而进行突水预警。此类方法多使用电磁类或机械类传感器，需进行防爆处理，且抗干扰性能较差，另外其探测深度较浅，范围较小，对于深层的岩层不能较好地进行监测，对水文地质和构造等勘察资料的详细程度依赖性高，对规模相对较小的含导水构造难以查明。

现今的煤矿突水水源识别已从经典的水质对比法向多领域多方法发展，学科范围多样，包括数学、GIS、地理学、化学以及物理学等在内，并呈现出学科交叉的趋势，但不可否认的是其核心仍是以水中代表离子（微量元素、放射元素研究使用较少）作为判别因子进行水源识别。此类方法历史悠久，且采用了多种数学方法进行分类识别，效果较好，但是由于水化学方法的特殊性，其耗时较长。以常规的检测矿井水中7种代表离子的检测为例，实验室测定其各离子浓度需要1～2小时，只适宜在常规的水文地质分析和灾后救援中使用，不适宜构建在线式的预警或快速水源识别系统，而且判别技术虽较多，但准确可靠的体系还有待完善。

激光技术的应用已深入工业生产的各个方面，具有快速、准确等特点，可以满足构建在线式水源识别系统的要求，而且精确度较高，但是将LIF技术应用于水源识别还是首次提出。本研究主要利用LIF技术，实现对煤矿不同含水层水样的荧光光谱分析，提取不同水样样本的光谱特征因子，构建相应模型，进而达到快速识别不同含水层水源及构建在线式的突水预警系统。

1.3 研究目标和内容

本书在“十二五”国家科技支撑计划“矿井突水重大灾害实时监测预警技术”项目（项目编号2013BAK06B01）的资助下，提出一种全新的用于煤矿水源快速识别的方法，此方法不同于以往的水化学方法，采用激光诱导荧光技术，以煤矿不同含水层水源作为研究对象，通过获取煤矿不同含水层水源的荧光光谱信息，建立突水水源的光谱数据库，并以此为依据，构建突水水源的快速识别模型。在数据库完备的情况下，仅需数秒即可完成水源的快速识别。为进一步地开发基于激光诱导荧光技术的煤矿突水水源快速识别模型奠定理论和技术基础，从而实现煤矿的安全生产以及为突水灾后救援提供快速判别依据。

基于激光诱导荧光技术的煤矿突水水源识别模型研究包括基础理论研究、光学系统搭建、光谱数据处理和判别建模等几个方面，其主要针对现有水源识别技术耗时较长、准确率低等缺陷，提出了使用激光诱导荧光技术进行快速的水源识别，并对该技术的若干核心构成进行了深入分析、实验，以验证该项交叉技术研究的可行性。

1.4 研究意义

矿井水害防治是我国煤矿生产中的重大技术理论课题之一，也是国家基金委鼓励研究的矿山灾害防治及工业安全生产中的基础理论与方法领域之一，通过研究能及时准确地判断矿井突水成因、分析矿井突水、查找突水水源，从而预防突水灾害，在煤矿生产过程中有着重大理论意义、重要应用前景和前瞻性。煤矿水害多发生在采煤工作面，当采煤通道遇到地下暗河、积水溶洞以及富水性强的含水层时，即会出现水源的大规模涌出，进入采煤巷道。一旦出现矿井突水，轻则淹没采煤工作面，重则导致矿井损毁，人员遇难。因此预测、预防矿井水害在煤炭开采中及其重要，而快速的突水水源识别则是解决治理矿井水害的利器。煤矿不同含水层皆具有不同的物化性质，这也造成了发生突水时会出现多种数据的融合，而且突水因素随着煤层以及开采技术的区别也会出现区分。对井下涌水的实时分析，就能实现获取突水水源信息，相关技术人员即可根据涌水点处的水文地质特点，结合现场传感器获取的各种数据，对涌水进行探究，以确定是否进行预警通知并实施相应方案，以消除水害或降低其危害性，此举对于保障煤矿人员财产安全意义重大。

随着国家对煤矿安全生产的重视，预防和治理矿井突水逐渐被广大煤矿工程技术人员所关注。相比于国外，我国对此类事故的研究时间尚短，而国内对煤炭的需求又较盛，因此矿井水灾频发。矿井水灾对我国的煤矿生产威胁巨大，且由于煤炭开采的强度和深度日益增加，煤矿的水文地质环境日益多样，水灾的发生概率和危险性也日益严重。矿井水灾的存在将首先降低矿井的开采效率和开采量，也将加剧开采的资本并危及矿工性命，日益枯竭的地下水资源也会受此影响。传统的水化学方法用于水源识别耗时又较长，但矿井水害的防治对却分秒必争，因此亟须开发一种快速的煤矿水源识别系统，以辅助现场技术人员做出正确决策，保证煤矿的绿色安全开采。

在煤矿的实际生产建设中，为了解决矿井突水问题，“预测预报，有疑必探，先探后掘，先治后采”的原则应用广泛，在这一原则的指导下，如能构建全面的水文地质监测系统，即可减少甚至杜绝矿井突水灾害的出现。经过国家相关部门的多年指导，各厂矿企业联合煤矿科研院所及高校对此类事故展开了大量理论研究和实地探测，并将分析获取的实际数据，反馈煤矿，指导生产建设，取得了一定的成绩。

但是煤矿的水文地质探测又需遵循着“物探先行、化探跟进、钻探验证”这一原则，由专业的煤矿地质技术人员进行物探、化探和钻探的逐步实施，以确定采煤区和构筑防水装置。不可否认的是，这一系列措施确实在很大程度上减少了水灾发生的概率，但是此种措施属于静态的前瞻性水源识别，且费时费力，一次探测即需要数天。对于煤矿井下一些短时间内的水文地质改变，不能做出及时判别，因此不适宜构建动态的在线式的水源识别系统进而进行水灾预警。本课题的提出即可在一定程度上解决这些问题。

2 煤矿水源概述

矿井突水是指在日常煤炭的生产以及掘进机行进时，地下水短时间、大规模进入煤矿巷道；矿井突水特点是速度快，短时间内就可能淹没巷道，在给煤矿开采造成影响的同时带来人员伤亡，对煤矿的安全生产产生威胁。矿井顶底板较厚高压含水层和岩溶水富集区域分布的工作面，尤其是地质构造复杂区域，都极可能出现矿井突水。在进行准确地层勘探的情况下，及时采取相应措施是能对突水进行防治的。突水形成的原因主要是由于有间接充水层存在于巷道附近，在地质压力的作用下，相应隔水层被损坏，从而构成导水通道，使得充水层水体涌入巷道。矿井水害的成因复杂，但是其源头还是因为矿井水的存在，因此研究煤矿突水水源的识别问题，首先就要明白什么是矿井水，从哪里来，它们有什么类型。

2.1 煤矿突水源简介

2.1.1 煤矿水灾危害

煤矿水灾带来的危害有以下几种。

(1) 突水导致淹井危害井下工人生命。

(2) 对煤矿安全生产带来影响，一旦出现煤矿水害，一般涌水量较大，且持续时间很长，短时间内无法及时排出，会造成常规采煤环境受到损坏，不能进行日常的煤矿生产建设，给矿井效益带来影响，造成煤矿生产时刻处于不必要的精神高压状态下。

(3) 给煤矿造成巨大的经济损失，矿井发生突水，会淹没煤矿巷道以及采煤设备，不能进行煤矿开采，并且由于水害威胁的存在，煤矿实际可采量也会减少。

(4) 造成采矿区域水环境与资源的损害，出现地下水位下降，地表可用水减少等现象。

(5) 造成矿井有效使用年限的减少，并且出现地面沉降、地表塌陷等地质事故，带来损失。

2.1.2 常见煤矿水源类型

矿井水是指在煤炭开采时，流入或渗入工作面、巷道等的不同种类水源的水。地下水可存在于岩层中的主要原因是岩石中含有大量微小空隙，岩石中存在的空隙对于地下水来说不仅是储存空间，还可作为其运动场所。能透水且含有重力水的岩层称为含水层。不透水又不能含重力水的岩层称为隔水层。只能透水，但不能含重力水的岩层称为透水层。

据相关数据统计，在我国的煤炭开采过程中，年排矿井水约 22 亿 m^3，平均每吨采煤的涌水量约为 $4m^3$。矿井水受环境、年代变化、煤系伴生矿物以及地质构造等诸多因素影响，造就了各具特色的水源特征，因此它们也具有各异的水质指标，以此即可辨别不同水源。矿井水源头有四个，分别是大气降水、地表水、地下水及老窑水，如图 2-1 所示。

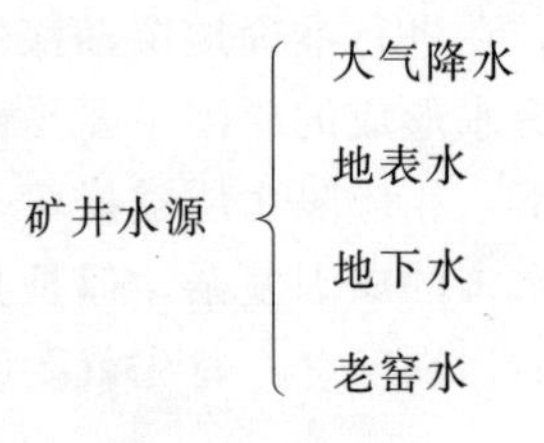

图 2-1　水源类别

矿井中地下水主要的来源是大气降水。地球上雨雪天气带来的降水都会落到地上，最终经过各种方式汇聚在一起，并渗透到地下，这样便成为地下水的一份子。大气降水的水质矿化度在正常情况下是很小的，并且水质硬度也不高。地下水的富集程度很大程度上由大气降水所决定，因此其也决定了矿井水量的多少。矿井充水量的直接影响因素是地质条件、大气蒸发等，降水只是间接因素。但是，大气降水不仅能成为矿井充水的直接来源，亦可是间接来源。通常对于煤矿来说，大气降水的充水方式是间接的，大气降水首先会浸入地下，进而进入地下含水层，最终涌入巷道。相对而言大气降水直接进入矿井的危险程度则较小。

地表水是不同种类地表水体的统称，像溪水、江河湖海以及人造水库等。对于此类水体而言，水中多含带有细微岩体物质，且水量相对较大。而且因为细微岩体物质的存在，导致水体较为混浊。地表水的存在对于矿井来说具有一定的威胁，其水量程度、相对距离以及所处地层的透水状况等皆会影响到对矿井的充水程度。

地下水出现在地层以及岩体缝隙里，根据含水层特点进行分类如下：岩溶地下水、裂隙地下水、孔隙地下水，按所处地层年代又可分为第四系、二叠系、煤系、奥陶系等。水源特征分别见表 2-1、表 2-2 和表 2-3 所列。在地质构造中，岩石的组成材质不同，导致其种类很多，同时形成的大小形状也各有不同，这就使得岩石间可以进行水体的富集。煤层中的地下水一般存储在含水层里，在外界构造条件改变的作用下，如人为破坏以及自然因素导致的岩土松动，就会导致含水层水源的大规模涌入煤矿巷道，这就可能造成矿井水害。地下水的水化学组成多样，是矿井充水的最大潜在因素，另外矿井的突水程度也与隔水层厚度、含水量、补给关系以及矿压大小等多种因素相关。

表2-1 孔隙水特征

类型	赋存条件	含水层特征	对煤矿影响
第四系地层孔隙水	分布于煤系地层以上	承压水或孔隙潜水，松散且未胶结	涌砂、涌水、片帮
煤系地层孔隙水	煤层的间接或直接底板	孔隙承压水，水压随地深增大，水量由含水层岩性厚度决定，半胶结或胶结	涌砂、涌水、片帮、垮顶，涌水量不大

表2-2 裂隙水特征

类型	赋存条件	含水层特征	对煤矿影响
层状裂隙水	第四系的基岩风化壳，基岩裸露区中	潜水，局部承压水；深度增加，含水性减弱	涌水，水量小，可排干
层间裂隙水	变质岩、喷出岩与沉积岩层中	承压水，局部潜水；含水性与裂隙和岩性的发育程度相关	涌水，水量小，水压大，会产生突水
带状裂隙水	脆性岩石断层中	承压水，含水性与补给条件、断层规模和充填情况相关	水量小，联通其他含水层时易产生突水，此时水量大

表2-3 岩溶水特征

类型	赋存条件	含水层特征	对煤矿影响
岩溶裂隙潜水	碳酸岩、薄层灰岩和白云岩区	潜水，动态变化大，岩溶不发育	涌水，水量小，雨季水量增大
地下暗河水	厚层灰岩区	构成地下河，流速大，岩溶发育	涌水，水量随季节变化，易发生暗河水倒灌
岩溶地下水	岩溶曾与第四系沉积物接触面或断层	承压水，水压小，水位变化小	涌水，水量小，易引起地表塌陷
层间裂隙岩溶水	非岩溶岩层限制的岩溶岩层区	承压水，水压小，岩溶发育均一	瞬时涌水量和水压大

（续表）

类型	赋存条件	含水层特征	对煤矿影响
脉状裂隙岩溶水	厚层碳酸岩断层区	承压水，动态稳定，岩溶发育均一	涌水量受补给影响

老窑水是指采掘地点以及范围不清楚的古窑或小窖里出现水体，同时还有部分的形成原因是地下水进入已废采煤巷道和采空区。一旦煤矿生产迫及老窖水范围时，便极有可能出现煤矿突水事故。通常情况下，老窑水的存储方式是静储量，采空区的空间大小往往决定着其所含水量，如若提前探明，可进行排水除险或规避。它的特点是速度快、时间短、水量大，对工作面危害大，而且由于基本不存在大规模补给水源，且属于人为工作区域和密封区域，一般水体为酸性且水质复杂，因此煤矿对老窑水的防治极为重视。

上述 4 种煤矿水来源的前两种属于可见性的，在防控方面难度不大，因此不作为本书的研究对象。后面两种煤矿水来源具有不可见性，深藏煤层之中，一旦大规模涌出，将酿成重大事故，因此本书选取后面两大类水作为研究对象。

2.1.3　煤矿水源识别指标

在由大气降水转变为煤矿水源的过程中，其所含成分也在发生变化。岩石圈、水圈、大气圈、生物圈无时无刻不与地层所含水体进行各种物理化学作用，这也造成了地下水所含化学成分的不断变换。地下水所含离子多样，但是含量最多的基本为以下 7 种：钾离子（K^+）、钠离子（Na^+）、钙离子（Ca^{2+}）、镁离子（Mg^{2+}）、氯离子（Cl^-）、硫酸根离子（SO_4^{2-}）和碳酸氢根离子（HCO_3^-）。由于周围地质构造所含物质的相对固定，因此水中物质基本会趋于稳定，并且各含水层水源在构成上各具特色，从根本上来讲，这是地质环境特征的地下水化学成分的反映。在不同的矿井中，因为岩石和土壤构成成分不同，地下水中所存在的化学物质也不相同；如若位于含水层中间的隔水层相对稳定，使得各层水不能互相渗透，从而使得含水层内的水无法轻易交融，这就造成了各含水层水文地球化学方面的相对独立性，保持不同的含水层水化学含量与组成，不发生变化。常规的水化学方法就是将这些特性当作煤矿水源识别的指标。

2.2　本章小结

本章主要进行了煤矿水源的概述，详细介绍了煤矿水源的构成，不同突水灾害产生的原因，常用煤矿水源识别指标以及煤矿水灾的危害性。

矿井水产生的四种源头分别是大气降水、地表水、地下水和老窑水，地下水按含水层特征可以分为孔隙地下水、裂隙地下水、岩溶地下水三类，按所处地层年代又可分为第四系、二叠系、煤系、奥陶系等，各种水体富水性不一样。对煤矿的危害程度也不一样。根据水源特征，选取地下水和老窑水作为本次研究对象。

3 荧光光谱分析理论

3.1 LIF 技术的基本原理

3.1.1 原子荧光光谱

根据爱因斯坦提出的光量子理论，光场中的原子体系有以下三种过程。

1）自发发射过程

当激发态原子在无外界干扰时，以辐射的形式到达基态的过程就是自发发射过程。自发发射的过程即辐射光子，频率是 v。

$$v=\frac{\varepsilon_2-\varepsilon_1}{h} \tag{3-1}$$

在单位时间内激发态 2 上原子的损失率为：

$$\frac{\mathrm{d}N_2}{\mathrm{d}t}=-A_{21}N_2 \tag{3-2}$$

式中，N_2 表示 t 时刻激发态 2 的原子数，A_{21} 表示原子的跃迁概率，也即爱因斯坦自发发射系数。对式 3－2 进行积分得到如下：

$$N_2(t)=N_{20}\mathrm{e}^{-A_{21}t} \tag{3-3}$$

式中，N_{20} 表示初始时刻激发态 2 的布局数。激发态 2 的自发发射寿命平均值可表示如下：

$$\tau_2=1/A_{21} \tag{3-4}$$

2）受激发射过程

受激发射是在外界辐射场的激发下产生的发射过程。以二能级原子体系为例，如若跃迁能级间距与外界辐射频率相同，即存在以下关系：

$$hv=\Delta\varepsilon \tag{3-5}$$

此时完成高能级对低能级的跃迁，并发射和外界辐射相同模式的光子。两者存在以下关系：

$$W_{21}(v)=B_{21}\rho(v) \tag{3-6}$$

式中，W_{21}表示受激发射概率，$\rho(v)$表示能量密度。

3）吸收过程

跃迁能级间距与外界辐射场频率相同，低能级原子吸收光子跃迁至高能级。两者存在以下关系：

$$W_{12}(v)=B_{12}(v)\rho(v) \tag{3-7}$$

以整体来看，三个过程存在一定联系。以二能级体系为例分析，吸收过程中，单位时间内跃迁至高能级的原子数为：

$$N_{10}W_{12}(v)=N_{10}B_{12}(v)\rho(v) \tag{3-8}$$

受激发射以及自发发射过程中，单位时间内跃迁至低能级的原子数为：

$$N_{20}(A_{21}+W_{21})=N_{20}[A_{21}+B_{21}\rho(v)] \tag{3-9}$$

而原子体系中的能级布居（可以理解为原子核外电子的分布排列位置）服从一定规律：

$$N_i \propto g_i \exp(-\varepsilon_i/k_B T) \tag{3-10}$$

式中，N_i为能级i的原子布居数，g_i为统计权重因子。

依据玻尔兹曼分布原理，在热平衡下激发态的原子数较少，而基态的原子最多，且随着能级的增加，原子数降低，并与温度T存在联系，低能级n与高能级m上的原子数有如下关系：

$$\frac{N_m}{N_n}=\frac{g_n}{g_m}\exp\left(-\frac{\varepsilon_m-\varepsilon_n}{k_B T}\right) \tag{3-11}$$

因此原子在能级间的布居与辐射场存在平衡关系，有关系式如下：

$$N_{10}B_{12}(v)\rho(v)=N_{20}[A_{21}+B_{21}\rho(v)] \tag{3-12}$$

即单位时间内发射过程中由能级2跃迁到能级1的原子数和吸收过程中由能级1跃迁到能级2的原子数相等。

将式3-11带入式3-12可得：

$$\rho(v)=\frac{A_{21}}{B_{21}}\left(\frac{g_1 B_{12}}{g_2 B_{21}}e^{hv/k_B T}-1\right)^{-1} \tag{3-13}$$

由式3-7与式3-8可见，在同一场时，受激发射概率和吸收跃迁概率相等，此时式3-13可用下式表示：

$$\rho(v)=\frac{A_{21}}{B_{21}}\frac{1}{e^{hv/k_B T}-1} \tag{3-14}$$

与普朗克平均辐射公式比较，式3-14可由下式表示：

$$A_{21}=\frac{8\pi h v^{3}}{c^{3}}B_{21} \tag{3-15}$$

式中，c 表示光速，由上式可发现自发发射概率和发射频率的 3 次方成正比。依据量子力学中的微扰理论，可得到受激发射系数为：

$$B_{21}=\frac{2\pi^{2}e^{2}}{3\varepsilon_{0}h^{2}}|R_{21}|^{2} \tag{3-16}$$

式中，e 表示电子电量，R_{21} 表示跃迁矩阵。

$$R_{21}=\int\varphi_{1}^{*}r(t)\varphi_{2}\mathrm{d}v \tag{3-17}$$

式中，φ_{1}，φ_{2} 表示能级 1 和能级 2 的波函数。依据上述两式，可得到自发发射系数为：

$$A_{21}=\frac{16\pi^{3}e^{2}v^{3}}{3\varepsilon_{0}h^{2}c^{3}}|R_{21}|^{2} \tag{3-18}$$

当物质受光的照射时，在受到光的能量刺激后，原子核外层的部分电子会从原始轨道向着能量较高的轨道跃迁，即由基态往第一激发单线态或第二激发单线态等跃迁。由于第一和第二激发单线态等是不稳定的，因此受激电子还是会从单线态还原到基态，此时即会释放能量，并以光的方式辐射出去，这就是荧光出现的机理。

其发射原理如图 3 - 1 所示，根据式 3 - 18 可得在能级 $k\rightarrow i$ 间原子的自发射系数 A_{ki}：

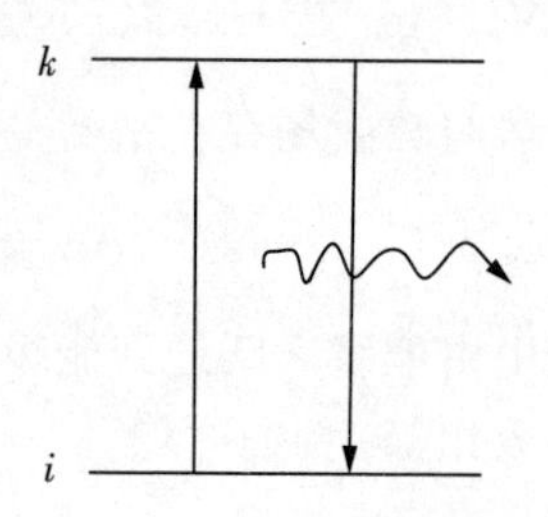

图 3 - 1　荧光原理

$$A_{ki}=\frac{16\pi^{3}e^{2}v_{ki}^{3}}{3\varepsilon_{0}h^{2}c^{3}}|R_{ki}|^{2} \tag{3-19}$$

式中，$R_{ki}=\int\varphi_{k}^{*}r\varphi_{j}d\tau$ 为跃迁偶极矩阵元。谱线强度：

$$I_{ki}\propto N_{k}A_{ki}hv_{ki}=N_{k}\frac{16\pi^{3}e^{2}v_{ki}{}^{4}}{3\varepsilon_{0}hc^{3}}|R_{ki}|^{2} \tag{3-20}$$

式中，N_{k} 表示能级 k 的布居值，频率 v_{ki} 的关系如下：

$$h\upsilon_{ki}=\varepsilon_k-\varepsilon_i \tag{3-21}$$

上式即可说明荧光的出现条件，即若跃迁偶极矩阵元为0，则不会出现荧光。由式3-19可发现，荧光发射为各向同性，因为发射概率和跃迁偶极矩阵元的平方成正比，与偶极矩方向无关，且随着发射频率增加，自发发射概率递增，由此可见在电子跃迁的紫外可见波段，荧光较强，在分子转动和振动跃迁的红外波段，荧光则较弱，所以LIF技术比较适宜应用在高频光谱分析中。

依据能级结构的不同，原子荧光分为以下4种类型。①共振荧光：发射光子波长和激发光子波长一致，如图3-2（a）所示；②斯托克斯荧光：荧光波长大于激发光波长如图3-2（b）和图3-2（d）所示；③反斯托克斯荧光：荧光波长小于激发光波长，如图3-2（c）所示；④碰撞辅助双共振荧光：跃迁由两步组成，非一步完成，如图3-2（e）所示。

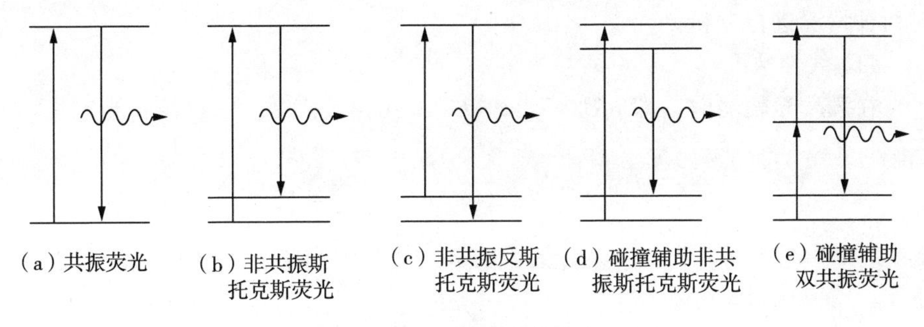

（a）共振荧光　（b）非共振斯托克斯荧光　（c）非共振反斯托克斯荧光　（d）碰撞辅助非共振斯托克斯荧光　（e）碰撞辅助双共振荧光

图3-2　不同类型的荧光

3.1.2　荧光的速率方程

1）二能级速率方程

在进行LIF技术的光谱分析中常依据速率方程计算光子数与能级布居数的变化。其中以共振荧光的二能级结构最为简单。在理想情况下对二能级结构进行分析，假设能级1与能级2的布居分别为N_1与N_2，k_{21}表示碰撞消激发速率，能量密度为ρ_v，则能级布居数可由下式表示：

$$\mathrm{d}N_1/\mathrm{d}t=-\rho_v B_{12}N_1+(\rho_v B_{21}+k_{21}+A_{21})N_2 \tag{3-22}$$

$$\mathrm{d}N_2/\mathrm{d}t=-\mathrm{d}N_1/\mathrm{d}t=\rho_v B_{12}N_1-(\rho_v B_{21}+k_{21}+A_{21})N_2 \tag{3-23}$$

$$N_1+N_2=N \tag{3-24}$$

原子发射的荧光光子数N_f有表达式如下：

$$N_f=A_{21}\int_0^{\tau}N_2(t)\mathrm{d}t \tag{3-25}$$

若发射激光为矩形脉冲，由式3-22到式3-24可得到式3-35的解为：

$$N_f = A_{21}\tau \times N \times \frac{\rho_v B_{12}}{\rho_v(B_{12}+B_{21})+k_{21}+A_{21}}$$

$$\left\{1-\frac{1-\exp\{-[\rho_v(B_{21}+B_{12})+k_{21}+A_{21}]\tau\}}{[\rho_v(B_{21}+B_{12})+k_{21}+A_{21}]\tau}\right\} \qquad (3-26)$$

上式的表达过于复杂，这里我们只讨论处于稳态后的情况，即布居数稳定不变，在能级存在简并时，上式可简化为：

$$N_f = A_{21}\tau \times N \times \frac{g_2}{g_1+g_2} \times \frac{\rho_v B_{12}}{\rho_v B_{12}+\frac{g_2}{g_1+g_2}(k_{21}+A_{21})} \qquad (3-27)$$

式中，g_1 与 g_2 表示能级简化度。对上式进行分析，主要观察最右边因式的分母，$\rho_v B_{12}$ 表示原子被激发的速率，另一分母项表示消激发速率。此处我们仅对两种情况进行分析。

(1) 线性情况

在激发光较弱时，即 $\rho_v B_{12} << (k_{21}+A_{21})$，式 3 - 27 可简化为下式：

$$N_f = A_{21}\tau \times N \times \frac{\rho_v B_{12}}{(k_{21}+A_{21})} = \Phi\rho_v B_{12}\tau N \qquad (3-28)$$

式中，$\Phi = A_{21}/(k_{21}+A_{21})$，为量子效率。此时荧光信号的强度与激光强度成正比。

(2) 饱和情况

在激发光较强时，即 $\rho_v B_{12} >> (k_{21}+A_{21})$，式 3 - 27 可简化为下式：

$$N_f = A_{21}\tau \times N \times \frac{g_2}{g_1+g_2} \qquad (3-29)$$

此时荧光信号强度可达到最大值，且和碰撞速率无关，激光强度的增加并不会引起荧光强度的增大。

2) 三能级速率方程

大部分的荧光类型为三能级及以上。在理想情况下对三能级进行分析可得到布居数表达式如下：

$$\mathrm{d}N_1/\mathrm{d}t = -B_{12}\rho_v N_1 + (B_{21}\rho_v + k_{21} + A_{21})N_2 + A_{31}N_3 \qquad (3-30)$$

$$\mathrm{d}N_2/\mathrm{d}t = B_{12}\rho_v N_1 - (B_{21}\rho_v + k_{21} + A_{21} + k_{23} + A_{23})N_2 \qquad (3-31)$$

$$\mathrm{d}N_3/\mathrm{d}t = (k_{23}+A_{23})N_2 - (A_{31}+k_{31}+k_{32})N_3 \qquad (3-32)$$

$$N_1 + N_2 + N_3 = N \qquad (3-33)$$

这里只分析稳态情况下，能级 2→1 时的共振荧光，以及能级 2→3 时的斯托克斯荧光。

(1) 共振荧光

由式 3－30 到式 3－33 可得

$$\frac{N_2}{N}=\frac{B_{12}\rho_v}{A_{21}+A_{23}+B_{12}\rho_v(1+\gamma)+B_{21}\rho_v+k_{21}+k_{23}-k_{23}\gamma} \tag{3-34}$$

式中，$\gamma=\frac{N_3}{N_2}=\frac{A_{23}+k_{23}}{A_{31}+k_{31}+k_{32}}$，表示布局比。

在激发光较弱时，即$(B_{12}+B_{21})\rho_v<<A_{21}+A_{23}+k_{21}+k_{23}-k_{23}\gamma$，此时上式可简化为：

$$\frac{N_2}{N}=\frac{B_{12}\rho_v}{A_{21}+A_{23}+k_{21}+k_{23}-k_{23}\gamma} \tag{3-35}$$

依据式 3－35 可得到此时的荧光光子数为：

$$N_f=A_{21}\frac{B_{12}\rho_v N\tau}{A_{21}+A_{23}+k_{21}+k_{23}-k_{23}\gamma} \tag{3-36}$$

此时为线性情况，即荧强度与激光强度成正比。

在激光强度较大时荧光光子数为：

$$N_f=A_{21}\frac{B_{12}N\tau}{B_{12}(1+\gamma)+B_{21}} \tag{3-37}$$

此时为饱和情况，即荧光强度与激光强度无关。

(2) 斯托克斯荧光

此时发射的荧光光子数为：

$$N_f=A_{23}\int_0^\tau N_2(t)\,\mathrm{d}t \tag{3-38}$$

此种情况较为复杂，因为能级 3 的布局对荧光影响较大，而能级 3 的布局又受碰撞消激发速率影响。

3.1.3 分子荧光光谱

鉴于分子结构的复杂性，其发射过程亦远复杂于原子荧光。分子的激发态包含转动态、振动态及电子态。若分子的一振动-转动能级（v_k'，J_k'）被激发，能级布局数 N_k，寿命时间 τ 范围内，分子的所有低能级辐射荧光。其荧光强度可表达如下：

$$I_{kj}\propto N_k A_{kj} h v_{kj} \tag{3-39}$$

式中，跃迁概率有关系如下：

$$A_{kj}\propto\left|\int\varphi_k^* r\varphi_j\,\mathrm{d}\tau\right|^2 \tag{3-40}$$

依据伯恩-奥本海默原理，分子能态的总波函数可由振动分量、转动分量及电子分量表示，因此式 3-40 可由下式表示：

$$A_{kj} \propto |R_e|^2 \times |R_{vib}|^2 \times |R_{rot}|^2 \tag{3-41}$$

式中，R_e、R_{vib}、R_{rot} 依次为电子矩阵元、振动矩阵元和转动矩阵元，荧光的出现必须在此三因子均不为 0 时。

分子的受激辐射有吸收、荧光、内转换、系间交叉及光化反应 5 大类型。激发态分子浓度有关系式如下：

$$\frac{\mathrm{d}[^1M^*]}{\mathrm{d}t} = I - (k_f + k_{ic} + k_{isc} + k_r)[^1M^*] \tag{3-42}$$

式中，$[^1M^*]$ 表示分子 M 的单重态激发浓度，I 表示吸收类型的速率，k_f 等代表荧光等类型的速率系数。平衡状态下为：

$$[^1M^*] = \frac{I}{k_f + k_{ic} + k_{isc} + k_r} \tag{3-43}$$

令 $\Phi_f = \frac{k_f[^1M^*]}{I} = \frac{k_f}{k_f + k_{ic} + k_{isc} + k_r}$，称分子荧光量子产额，表征无辐射和辐射过程速率比例。

荧光自然寿命可表示为：

$$\tau_n = \frac{1}{k_f} \tag{3-44}$$

它表征 $\Phi_f = 1$ 状态下的荧光衰减。实际的分子荧光寿命为：

$$\tau_f = \frac{1}{k_f + k_{ic} + k_{isc} + k_r} \tag{3-45}$$

三者间的有如下关系：

$$\Phi_f = \frac{\tau_f}{\tau_n} \tag{3-46}$$

由总体来看，本次煤矿水源的荧光光谱并不是某一种原子或分子的荧光光谱，或是只存在共振等简单情况，而是所有光谱的复杂体现。

而光谱技术大体上又可以分为发射光谱和接收光谱，此次使用的 LIF 技术属于发射光谱，即在激光光源的强度以及波长固定的情况下，利用发射单色器将物质所辐射的荧光照射到光电探测器上，步进发射单色器，通过逐渐增加荧光的接收波长，且记下各种波长所对应的荧光强度，获取的荧光强度跟随荧光接收波长的光谱谱图即是荧光的发射光谱，简称荧光光谱或是发射光谱。发射光谱从根本上来说是在一段区域范围波长下荧光物质的荧光相对强度，可以凭借此类光谱进行荧光物质的定性定量分析。LIF 技术得到的发射光谱反映样品的一定结构特性，因此能较好地分析物质特异性，且相对其他检测方法灵敏度较高(见表 3-1 所列)，因此可做到定性定量。荧光是物质在吸光后发出的辐射，因而溶液的荧光强度与溶液的吸收的光强度、物质的荧光量子产率以及物质浓度皆有关系。

表 3-1 各光检测方法灵敏度

方法	灵敏度(mol/L)
LIF	$10^{-12} \sim 10^{-9}$
FD	$10^{-9} \sim 10^{-7}$
UV - VIS	$10^{-6} \sim 10^{-5}$

对现有的文献资料的查阅可以发现已有人使用此种方法进行多种离子的检测，现列举少数如下，超氧自由基(O^{2-})和过氧亚硝酸根离子($ONOO^-$)、铝离子(Al^{3+})、氰根离子(CN^-)、铜离子(Cu^{2+})、汞离子(Hg^{2+})、亚硫酸根离子(SO_3^{2-})、镉离子(Cd^{2+})、铁离子(Fe^{3+})等。对于其他物质的检测使用也较多，如石油分类、芳香族物质的检测、塑胶物品分析。

3.2 时间分辨荧光技术

当分子体系存储器在能量传递、生成活泼中间体或相互作用等过程，其荧光光谱将随时间而变化。以时间为变量，测量荧光在不同波长处的强度分布，就得到时间分辨荧光光谱图。时间分辨荧光提供了有关分子的动态结构，活泼中间体的生成和消失等方面的信息，是分子结构研究中极为有用的研究手段。物质在激光的激发下，其荧光强度随时间而发生变化。在不同波长处，以时间为变量测量荧光的强度分布，就得到时间荧光光谱。时间分辨荧光光谱分析法是基于不同发光体发光衰减速度不同、寿命不同的一种近代荧光分析光谱技术，在材料、化学及医学研究中发挥着越来越重要的作用。

3.2.1 荧光寿命的测量

时间分辨荧光是研究荧光强度随时间的衰变过程。考虑一个最简单的，即荧光发射是一个单光子过程的情况，可以推出荧光强度 $I_F(t)$ 随时间变化的表达式：

$$I_F(t) = I_F(0)e^{-t/\tau_F} \tag{3-47}$$

式中，$I_F(0)$ 是 $t=0$ 的初始时刻的荧光强度。图 3-3(a) 是 $I_F(t)$ 对时间衰变曲线，τ_F 称荧光寿命，它指激光激发停止以后强度衰减到初始值的1/e时所需的时间。因此，仅当荧光强度按指数关系衰减时，荧光寿命才有确切的涵义。对式3-47取对数得：

$$\log I_F(t)=\log I_F(0)-t/\tau_F$$

将 $\log I_F(t)$ 对时间 t 作图，这是一条斜率为 $-t/\tau_F$ 的直线，如图3-3(b)所示。由直线的斜率可直接求得荧光寿命 τ_F。

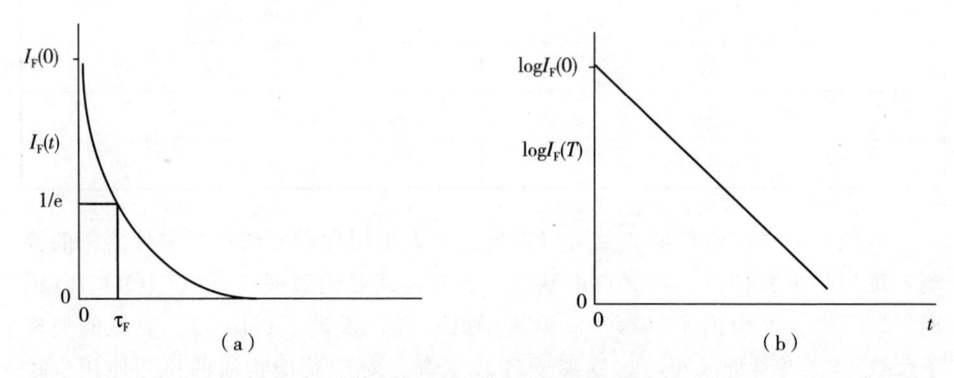

图3-3　荧光强度衰变曲线(a)与荧光寿命斜率线(b)

大多数有机分子和生物大分子的荧光衰减过程都具有上述的单指数特性，但是有些复杂体系可能会出现多指数的衰减过程。对于非单指数的衰减过程，可以定义一个平均分子荧光寿命 τ_C。

$$\tau_C=\frac{\int f(t)\cdot t\cdot \mathrm{d}t}{\int f(t)\mathrm{d}t} \tag{3-48}$$

由上述可见，荧光寿命是研究分子激发态弛豫的一个重要物理量。大多数芳香族和生物大分子的荧光寿命在1～100ns数量级的范围内。

对ns量级信号的测试曾经是很不容易的，随着光电器件与测试技术的发展，荧光寿命的精确测量直到近年才逐步完善起来。荧光寿命的测量，按激发光源的不同所用的方法也不一样，如激发光源是用连续激光，可用相移法进行测量；当采用脉冲激光激发时，可用取样法或光子计数法。

1）相移法

用相移法进行荧光寿命测量时，先用光电调制器或其他方法对一束连续激光进行正弦调制后激发样品，由于样品具有一定的荧光寿命，所以发射的荧光相位相对于激发光源有一相位移动，荧光寿命越长，相移越大，因此通过测量相位的偏移值就可以计算出荧光寿命。一种典型的实验装置如图3-4所示。

设激光束的调制频率为 ω，调制度为 M，激发光与荧光信号之间的相位差

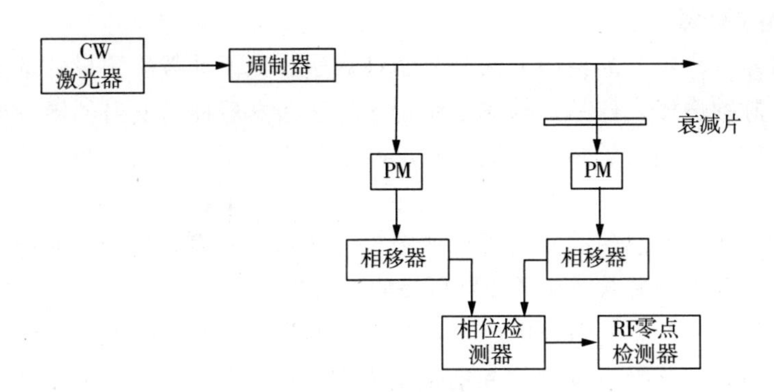

图 3-4 相位偏移法测量荧光寿命装置

为 φ，则样品荧光寿命 τ_F 与这些参数之间的关系为

$$\tau=\frac{\tan\varphi}{\omega} \tag{3-49}$$

或

$$\tau=\frac{\sqrt{1-M^2}}{M\omega} \tag{3-50}$$

只要在实验中测得 φ 或 M 值，即可以从上面式子中计算出荧光寿命 τ_F 值。调制频率 ω 要根据荧光寿命的长短来选择，对于在 $10^{-11}\sim10^{-8}$s 范围内的 τ_F 值，调制频率取 2～20MHz。

2) 直接记录法与取样法

当用脉冲激光作为激发光源时，将图 3-4 中接收荧光的光电倍增管输出接入高频快速示波器，当脉冲宽度比荧光寿命小得多，在每次脉冲激发激光以后，就可在示波器的荧幕上得到如图 3-3(a) 所示的荧光强度随时间衰减曲线，这种方法称直接记录法。但是如果荧光寿命很短，例如荧光强度衰减时间小于5ns，普通示波器本身的时间回应不够快(100MHz带宽的示波器的上升时间约为 3.5ns)，将会对测量曲线展宽，影响测量精度。条纹照相机(Streak Camera) 具有数皮秒的时间分辨力，可以直接记录更短的光脉冲。但是条纹照相机的灵敏度较低，不适合测量微弱的荧光，而且价格高昂。较简单的记录短寿命荧光的方法是取样法。与普通示波器相比，取样示波器有更快的时间回应(上升时间可达数十 ps)。

用取样示波器测量时，取样示波器以脉冲激光激发为时间起点，如图 3-4 所示，以极窄的门宽和不同的延时，对光电倍增管的输出信号依次取样。脉冲激光每激发一次，示波器取样一次，每次取样相对于前次要移动一个事先设定的延时。为得到一条完整的衰减曲线，需要脉冲激光重复激发若干次，然后按时间次序将取样脉冲组合在一起，构成荧光强度衰减曲线。

3）光子计数法

测量短寿命荧光的精确方法是光子计数法。光子计数法测量的基本思想是用一串光脉冲去激发样品，检测系统记录每次激发后样品发射的第一个荧光光子到达的时间，而光子到达时间分布反映了荧光强度的时间分布，即荧光强度衰减过程。

体现上述测量思想的实验设计如图 3-5 所示。一束入射激发光脉冲经分束片分出一束弱光，并被光电管 PD 所接收，光电管 PD 输出一脉冲去触发时间-幅度转换器使之产生一谐波电压，记触发时刻为 t_i；入射激光脉冲激发样品诱导荧光发射，荧光经衰减后被光电倍增管 PM 所接收，PM 输出一脉冲去终止斜波电压，记终止时刻 t_e，时间-幅度转换器输出一方波。显然方波幅度决定于荧光脉冲到达时刻 t_e，即比例于时间差 $t_e - t_i$。由于荧光脉冲到达时刻 t_e 反映了样品发射荧光的概率，于是由时间-幅度转换器输出的方波幅度就反映了荧光发射的强度。多道分析仪将输入的方波脉冲按幅度的高低依次送入各通道中并累加与存储，待一个周期以后，输出一样品荧光衰变曲线。

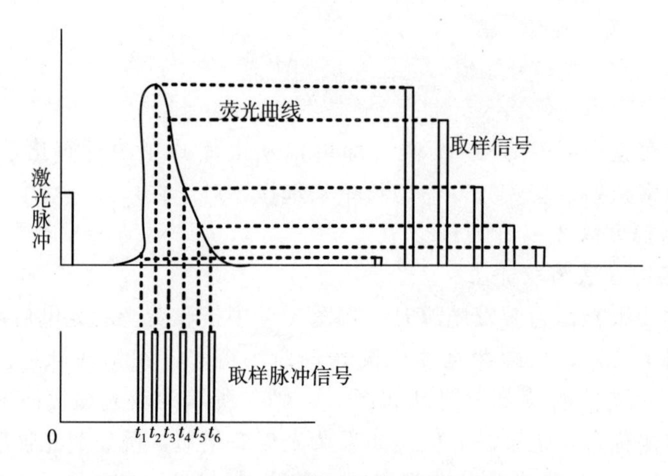

图 3-5　对光电倍增管输出信号的依次取样

实验的关键是要有确定的终止时刻为 t_e，为此将必须调节衰减片，使光电倍增管 PM 每次只接收一个荧光光子，这个光子也是每次激发后到达的第一个光子。根据这一要求，荧光光子的计数率很低，荧光光子计数率与激发脉冲的重复频率的比值控制在 0.001 ～ 0.05 范围内。

实验装置如图 3-6 所示。采用锁模 Ar^+ 激光同步泵浦腔倒空染料激光器，它能给出脉冲宽度为数十 ps、重复频率从单次到数 MHz 可变、平均功率数是 mW、波长在可见光波段连续可调的光脉冲。如用非线性倍频，波长可扩充到紫外频段。对光电倍增管的要求与光子计数器的要求相同，要求放大器的频带在 100MHz 以上，放大倍数在 100 左右即可。鉴别器有两个，即触发信号鉴别器与荧光信号鉴别器。对触发信号鉴别器，由鉴别电平削去噪声计数。荧光信号鉴别器是比例鉴别器，它将输入信号分为两路，一路延时倒相，另一路衰减，两路符合，反极性的过零交叉点作为它的启动时刻。多道分析器有两种工作方式，即脉冲高度模式与扫描方式，前者用于荧光寿命测量，后者用于测量时间荧光光谱。

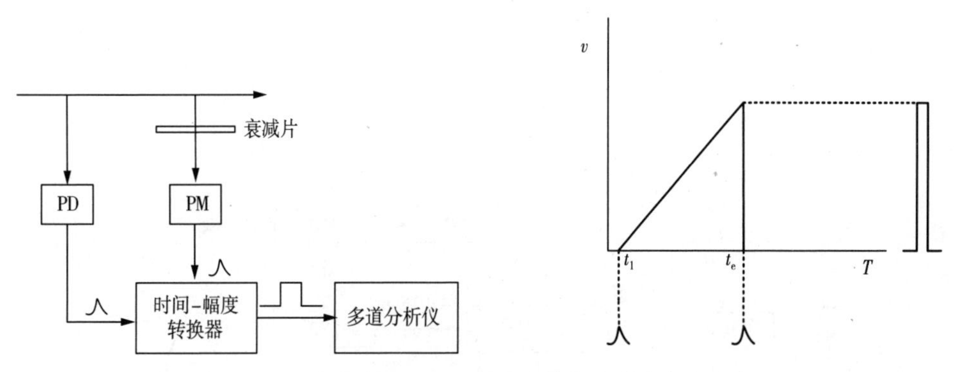

图 3-6 荧光光子到达时间分布转换为脉冲高度分布

为获得正确的荧光寿命，要对实验数据做适当处理。设 $I_F(t)$ 是样品的荧光衰减曲线，$S(t)$ 是仪器的回应曲线，则实验曲线 $M(t)$ 是 $I_F(t)$ 和 $S(t)$ 的卷积。

$$M(t)=\int_0^t S(t)\cdot I_F(t-t')\mathrm{d}t' \tag{3-51}$$

实验条件不同，实验数据的处理方法不同。如果样品的荧光寿命远大于系统的回应时间(在 5 倍以上)，则可以忽略测量系统回应的影响，直接从实验曲线获得荧光寿命，如图 3-6 所示。特别是当荧光曲线是单指数时，可用计算机对实验曲线和设定函 $I_F(t)=I_F(0)\exp(-t/\tau_F)$ 进行拟合，从拟合曲线中求得 τ_F。

如果荧光寿命和系统的回应时间可以比拟，则要从实验曲线中扣除仪器 $S(t)$ 回应的影响，要求对式 3-52 进法。这时，真实的荧光衰行卷积计算。解卷积有多种方法，最常用的是最小二乘减曲线写成指数叠加形式。

$$I_F(t)=\sum_{i=1}^{n} I_{Fi}(0)\exp(-t/\tau_{Fi}) \tag{3-52}$$

先任意设定式 3-52 中的 $I_{Fi}(0)$ 和 τ_{Fi} 值，然后将它和系统回应曲线卷积起来，可得一个计算得的衰减曲线 $G(t)$。通过适当的计算程序，反复调节式 3-52 中的参数，以使累加权重方差

$$x^2=\sum_{i=n_1}^{n_2}\left\{\frac{[M(t_i)-G(t_i)]^2}{M'(t_i)}\right\} \tag{3-53}$$

式中，$M'(t)$ 为权重因子，采用原始实验衰减数据，$M(t_i)$ 是扣除了本底噪声后的实验荧光数据。n_1、n_2 分别为拟合所用的起、止通道数。最后所得到的 $I_{Fi}(0)$ 和 τ_{Fi} 即为所求的参数。

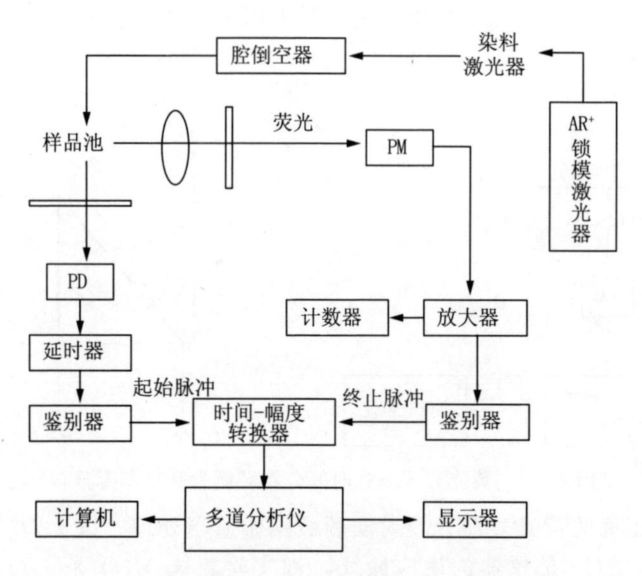

图 3-7　激光时间分辨荧光光子计数法测量装置

3.2.2　荧光寿命测量光子统计法理论

下面从光子统计的角度分析上述光子测量荧光衰变的原理。根据光子统计原理，样品被激发后光子发射的概率分布是泊松分布，表达式为

$$P_{T(k)}=\frac{(\lambda T)^k}{k!}e^{-CT}(k=1,2,\cdots) \tag{3-54}$$

式中，$P_{T(k)}$ 为在观察时间 T 的区间内，一次发射 k 个光子的概率。C为常数，正值，意义为单位时间内平均发射的光子密度。设 m 为在 T 时间内发射的光子总数，容易得出 $m=CT$，它为数学期望值，可用表示如下：

$$m=\int_0^T n(t)\mathrm{d}t \tag{3-55}$$

式中，$n(t)$ 是时刻 t 瞬时光子发射数，称计数函数。因此式 3-55 可以写为

$$P_{T(k)}=\frac{m^k}{k!}e^{-m} \tag{3-56}$$

从另一个角度分析，把在 T 时间内发生 k 个光子这一件事，作如下处理。在探测时间(0，T) 内所发生的泊松事件的时区划分出来。如 k 个光子，就能

找出 k 个小时区，$(t_1, t_1+\Delta t)$，$(t_2, t_2+\Delta t)$，…，$(t_k, t_k+\Delta t)$，在每个区间外无光电子发生，此种事件的全概率为

$$P=\prod_{j=1}^{k} P[1]_{(t_j,\ t_j+\Delta t)} \cdot P[0]_{(t_j+\Delta t,\ t_{j+1})} \tag{3-57}$$

由泊松分布

$$P[0]_{(t_j+\Delta t,\ t_{j+1})}=\mathrm{e}^{-m}=\exp\left[-\int_{t_j+\Delta t}^{t_{j+1}} n(t)\mathrm{d}t\right] \tag{3-58}$$

$$P[1]_{(t_j,\ t_j+\Delta t)}=\mathrm{e}^{-m}=\int_{t_j}^{t_j+\Delta t} n(t)\mathrm{d}t \cdot \exp\left[-\int_{t_j}^{t_j+\Delta t} n(t)\mathrm{d}t\right] \tag{3-59}$$

将式 3-58 和式 3-59 代入式 3-60 得

$$P=\prod_{j=1}^{k}\int_{t_j}^{t_j+\Delta t} n(t)\mathrm{d}t \cdot \exp\left[-\int_{0}^{T} n(t)\mathrm{d}t\right] \tag{3-60}$$

由于光电子是独立事件，积分可写成下式

$$P=\prod_{j=1}^{k} n(t_j)\Delta t\mathrm{e}^{-m} \tag{3-61}$$

另外，

$$P=k!\ P_{t_j}(t_1,\ t_2,\ \cdots,\ t_j)(\Delta t)^k \tag{3-62}$$

由于式 3-61 和式 3-62 描写同一件事，故两式相等，

$$P_{t_j}(t_1,\ t_2,\ \cdots,\ t_j)(\Delta t)^k=\frac{1}{k!}\prod_{j=1}^{k} n(t_j)\Delta t\mathrm{e}^{-m} \tag{3-63}$$

又由泊松分布

$$P_{T(k)}=\frac{m^k}{k!}\mathrm{e}^{-m} \tag{3-64}$$

由全概率求部分概率，根据巴叶斯公式，用式 3-64 除以式 3-63，

$$P_{t_j}(t_1,\ t_2,\ \cdots,\ t_k/k)=\prod_{j=1}^{k} n(t)/m^k \tag{3-65}$$

光电子是独立事件，故 $P_{t_j}(t_1,\ t_2,\ \cdots,\ t_k/k)$ 可以写成连乘形式，即

$$P_{t_j}(t_1,\ t_2,\ \cdots,\ t_k/k)=P_{t_1}(t_1)\cdot P_{t_2}(t_2)\cdots P_{t_k}(t_k) \tag{3-66}$$

$$P_{t_j}(t_j)=\frac{n(t_j)}{m}$$

t_j 是连续变量，可以去掉脚标则上式变为：

$$P_{t_j}(t)=\frac{n(t)}{m} \tag{3-67}$$

式 3-67 说明，光子发生时刻的概率密度 $P_{t_j}(t)$ 与该时刻的发射光子数 $n(t)$ 成正比。这样如测出了 $P_{t_j}(t)$ 随时间的变化规律，进而就可得到发射光强 $I(t)$ 的变化规律。

3.2.3　测量方法与装置

用脉冲法测量荧光寿命需要对荧光强度的时间衰减进行测量。通常有三种方法，即脉冲取样技术(pulse sampling techniques，PST)、时间相关单光子计数(time - correlated single - photon counting，TCSPC)法和相调制法(phase modulation methods，PMM)。

1）脉冲取样技术

（1）原理

脉冲取样技术也叫频闪技术(strobe techniques)，工作原理如图 3-8 所示。样品被脉冲光源激发，同步电压脉冲与脉冲光源同步或按一定“延迟时间”启动光电倍增管，光电倍增管按预设的“门宽时间”检测样品的荧光强度。要实现取样法测量，必须使激发光脉冲的下降沿短于待测的荧光衰减过程，而且检验的“门宽时间”也要小于荧光寿命，这样，通过逐渐改变光电倍增管的“延迟时间”，可以得到样品被脉冲光源激发后不同时刻的一系列荧光强度，结果如图3-9所示。按时间的先后次序将取样信号组合在一起，就构成荧光强度的时间衰减曲线，实时间分辨荧光。

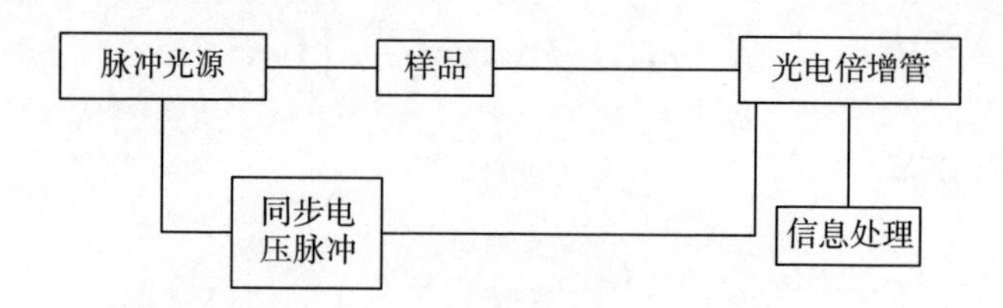

图 3-8　脉冲取样技术工作原理

（2）仪器设备

以采用氮激光器为激光光源的时间分辨荧光计为例，如图 3-10 所示。光电倍增管的信号输至取样积分器(boxcar integrator)被贮存、平均。来自分光镜的一部分激光由光敏二极管接收后输入盒式积分器，作为外触发信号，根据一定的延时时间使盒式积分器的门控打开，延时时间通过电子学延时线路加以选择。盒式积分器及其门控组件在脉冲激发后不同延时时间，以不同门控宽度对发射信号进行取样，而后把信号贮存、平均，并直接显示在示波器或记录器上。取样时间可长达 0.5s，短至几纳秒(如图 3-11 所示)。如将门控宽度和延

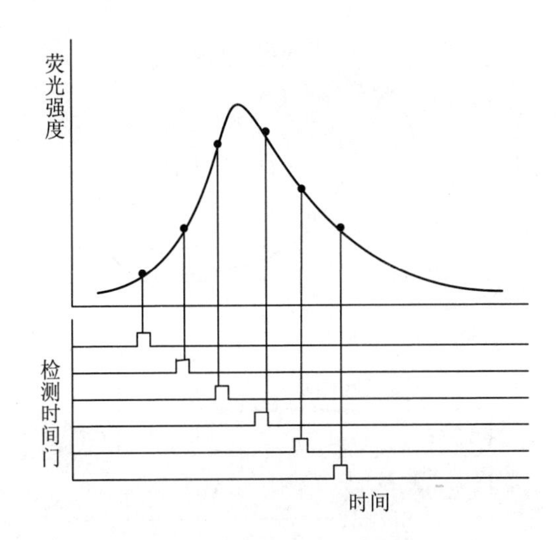

图 3-9 脉冲取样技术示意图

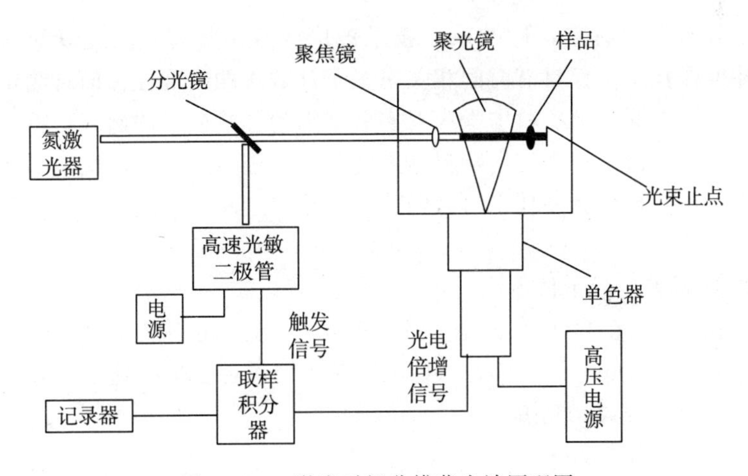

图 3-10 激光时间分辨荧光计原理图

迟时间调至一恒定值，对发射单色器进行扫描，用 X—Y 记录器记录，则可得到时间分辨发射光谱。如将发射波长固定，对门控时间扫描，则可得到荧光强度随时间的衰变曲线和给定时间处的荧光发射光谱。

(3) 特点

近年来，新技术的应用使得脉冲取样技术的测量能力有了显著增强，超快技术得到了飞速发展。应用飞秒脉冲激光器作为激光光源，由于其输出脉宽为飞秒量级，这就使得测量超快荧光衰减过程成为可能；使用具有飞秒或皮秒量级回应速度的光开关器件，能够精确地设定探测装置取样的“门宽时间”和“延迟时间”；用新式 CCD 代替老式的光电倍增管作为探测装置，大大增强了探测灵敏度。

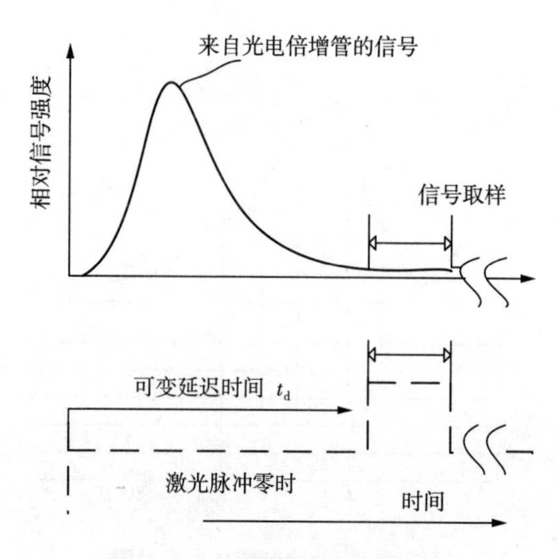

图 3-11　取样积分器取样门控

由于具有以上特点，脉冲取样技术被广泛应用于超快荧光衰减过程的测量。脉冲取样技术不仅具有时间相关单光子计数法的准确性，而且测定速度更快，操作也更方便。但实验中噪声对实验结果的影响尚无法确定，特别是在测量微弱信号时，由于噪声的影响根本无法对信号进行测定。因此，如何有效地提高信噪比，实现用脉冲技术对微弱荧光的超快衰减过程测量是一个亟待解决的问题。

2) 时间相关单光子计数法

时间相关单光子计数法是 1975 年由 PT 公司首先商品化。此外，Edin burgh Instruments、IBH、HORIBA 等公司也在生产基于时间相关单光子计数的时间分辨荧光光谱仪。

(1) 原理及仪器设备

弱光检测中，如果所探测光的广电流强度比光电检测器本身在室温下的热噪声水平还低，用通常的之流检测方法不能把这种湮没在噪声中的信号提取出来。当光微弱到一定程度的时候，光的量子特性便开始显现出来。假设光子流量用单位时间通过的光子数 R 表示，光流强度(单位时间通过的光能量) 用光功率 P 表示，则单色光的光功率 P 与光子流量 R 的关系如下：

$$P = R\varepsilon \tag{3-68}$$

式中，$\varepsilon = h\upsilon = hc/\lambda$，$h$ 为普朗克常量。

时间相关单光子计数法就是利用弱光照射下光子探测器输出电信号自然离散的特点，采用脉冲甄别技术和数字计数技术把极其微弱的信号识别并提取出来，工作原理如图 3-12 所示。

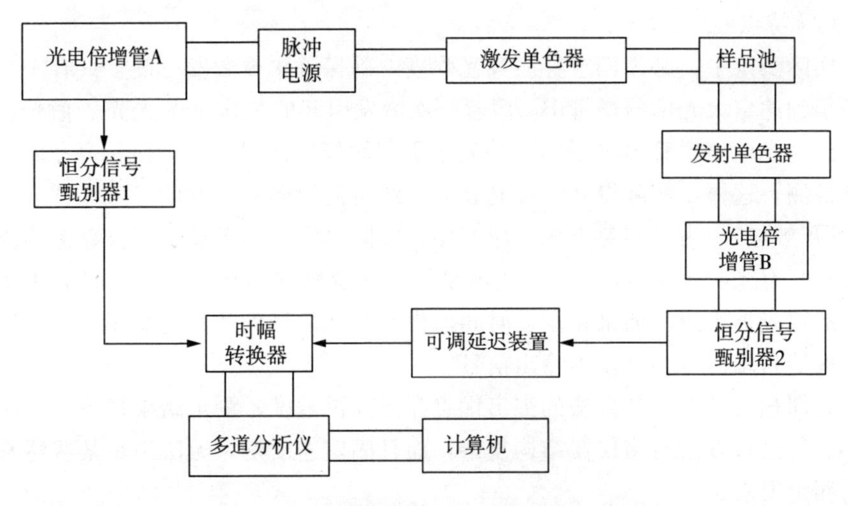

图 3－12　时间相关单光子计数法工作原理

脉冲光源发出的脉冲光使光电倍增管 A 产生电信号，该信号通过恒分信号甄别器 1 启动时幅转换器工作，时幅转换器产生一个随时间线性增长的电压信号。通过调整合适的甄别电平，只有输入脉冲的幅度大于甄别电平时，甄别器才输出具有一定幅度和形状的标准脉冲，触发时幅转换器工作。与此同时，光源发出的脉冲光通过激发单色器达到样品池，样品产生的荧光信号再经过发射单色器到达光电倍增管 B，光电倍增管 B 产生的电信号经恒分信号甄别器 2 到达时幅转换器并使其工作。时幅转换器根据累积电压输出一个数字信号并在多道分析仪的相应时间通道计入一个信号，表明检测到寿命为该时间的一个光子。几十万次重复以后，不同的时间通道积累下来的光子数目不同，以光子数对时间作图可达到如图 3－13 所示的直方图，此图经过平滑处理得到荧光衰减曲线。

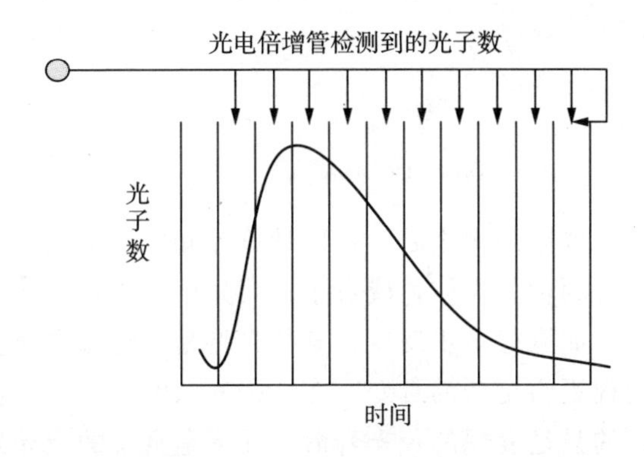

图 3－13　时间相关单光子计数法荧光衰减曲线的形成示意图

(2) 特点

实际测定中，必须调节样品荧光强度，确保每次被激发后最多只有一个荧光光子到达广大光电倍增管 B。假若一次激发引起的是多个荧光光子信号，则最先到达光电倍增管 B(寿命短) 的光子引起时幅转换器停止，而长寿命的光子不被检测，这样，实际得到的荧光衰减曲线将向短寿命一方偏移，这种现象称为“堆积效应”。为了避免堆积效应产生，实际测定时，多道分析仪存储的光字数大致只有光源脉冲数的 1%。也就是说，光源脉冲 100 次，大约只有 1 次所引起的荧光被检测。如果在预设时间内没有荧光信号到达光电倍增管 B，则时幅转换器自动回复到零，不输出信号。

时间相关单光子计数法的突出优点在于高灵敏度，测定结果精确，系统误差小。但这种方法所用仪器结构复杂，而且测定速度慢，无法满足某些特殊体系的测定要求。

3) 相调制法

相调制法也称相分辨技术、频域法(frequency - domain fluorometry)，先后由 Gaviola 和 Veselova 等提出。它是利用混合物中各荧光体荧光寿命的差异进行荧光光谱的分辨，并利用级发光和荧光之间的相角和去调制因素来计算荧光寿命。

(1) 原理

当样品被激发光激发而发射荧光时，如激发光的光强度被正弦调制，其角调制频率为 ω，则发射光也同样地被调制。由于吸收和发射之间的时间延迟，调制的发射光比激发光在相位上延迟了角。但发射光的调制比激发光的调制小一些，也即发射光的改变部分的相角幅度(B/A)比起激发光的改变部分的相角幅度(b/a)小些，其比值称为去调制因素 $m[m=(B/A)/(b/a)=Ba/Ab]$。

对单一荧光体，其荧光呈单指数衰变时，荧光寿命，相角与去调制因素 m 之间有如下关系：

$$\tan\varphi=\omega\tau \tag{3-69}$$

$$m=(1+\omega^2\tau^2)^{-\frac{1}{2}} \tag{3-70}$$

在测量相角或去调制因素之后，可以计算荧光体的荧光寿命 τ。

如果样品中含有两种荧光体，或者单一荧光体，进行一步激发态反应，则荧光呈双指数衰变。如进行多步反应，则荧光将是多指数衰变。在连续多指数衰变过程中，将发现更为复杂的衰变。在这些复杂的情况下，由测量的相角和去调制因素所计算的只是表现的荧光寿命，并不是真实的荧光寿命。

采用相敏检测器的相荧光计，当用正弦调制光激发含有荧光寿命为的单一荧光体时，发射光的强度可用下式表示：

$$F(t)=1+m_L m\sin(\omega t-\varphi) \quad (3-71)$$

式中，m_L 为激发光的调制度；m 为去调制因素；ω 为角调制因素；t 为激发后的时间。

相灵敏检测器将产生直流信号，它与调制的荧光强度成正比，并与检测器相和样品相之差的余弦成正比，即

$$F(\lambda,\ \varphi_D)=kF(\lambda)\cos(\varphi_D-\varphi) \quad (3-72)$$

式中，$F(\lambda)$ 为稳态荧光光谱，λ 为波长；k 为常数，它包含着样品和仪器因素以及常数 m_L。

在不同相角 φ_D 测定荧光光谱，称为相灵敏荧光光谱，即为在固定时间的荧光光谱。

如果样品溶液中含有 A 和 B 两种荧光体，它们的荧光寿命分别命名为 τ_A 和 τ_B，且 $\tau_A\neq\tau_B$，则有

$$F(\lambda,\ t)=F_A(\lambda)m_A\sin(\omega t-\varphi_B)+F_B(\lambda)m_B\sin(\omega t-\varphi_B) \quad (3-73)$$

式中，$F_A(\lambda)$ 和 $F_B(\lambda)$ 分别为组分 A 和组分 B 在稳态光谱中处于波长处的荧光强度。调制发射的重要特征是一些同频率而不同相的正弦波形的重叠，每一波长来自一种荧光体。

用相灵敏检测器可以得到调制发射，其信号可由下式表示：

$$F(\lambda,\ \varphi_D)=F_A(\lambda)m_A\cos(\varphi_D-\varphi_A)+F_B(\lambda)m_B\cos(\varphi_B-\varphi_D) \quad (3-74)$$

从式 3-74 可见，当 $|\varphi_i-\varphi_D|=90^\circ$ 时，则该组分的发射被抑制。要得到混合物中组分 A 的稳态光谱，需把检测器相角调节至和组分 B 正交，因此，相调制法可用于分辨荧光体混合物的个别组分。

当 $\varphi_D=\varphi_A+90^\circ$ 时，组分 A 在相灵敏光谱中没有贡献，此时该光谱由下式表示：

$$F(\lambda,\ \varphi_A+90^\circ)=F_B(\lambda)m_B\sin(\varphi_B-\varphi_A) \quad (3-75)$$

当 $\varphi_D=\varphi_B-90^\circ$ 时，组分 B 在相灵敏光谱中没有贡献，此时该光谱由下式表示：

$$F(\lambda,\ \varphi_B-90^\circ)=F_A(\lambda)m_A\sin(\varphi_B-\varphi_A) \quad (3-76)$$

对于两组分荧光体混合物，除一组分被抑制外，另一组分的强度也被减弱至原来强度的 $\sin(\varphi_B-\varphi_A)$。用这种方法分辨两种组分仅决定于两种发射之间的相角差，而不决定于绝对相角或荧光寿命。如果两组分的相角或寿命很接近，则相分辨将有很大的困难。目前的水平，寿命差异超过 0.1ns 的荧光组分可以分辨。

(2) 仪器设备

相调制法使用的仪器比时间相关单光子计数法用的仪器结构简单，而且测定速度也快得多，但实验所能选择的频率数有限，因此，测量精度较差。从组成上看，和一般荧光分光计大致相似，但增加了光调制器及测量相角和去调制因素的相灵敏检测系统。

① 光调制器。有几种不同的方法可以得到调制光，如 Kerr 调制器、Pockels 电光调制器和 Debye－Sears 超声波调制器。Kerr 调制器不能透射紫外光，Pockels 器需要较低电压，能通过紫外光，可在连续可变的频率下操作，但要求高度准直地光，适用于以激光器为光源的相分辨荧光计。Debye－Sears 超声波调制器能透射紫外光，对光准直要求不高，可用于各种光源，只在少数的固定频率操作，一般不能在调制频率 30MHz 以上操作。

② 相灵敏检测系统。检测系统由单色器、光电倍增管和锁相放大器组成。锁相放大器只检测与参比信号相同频率且具有一定位相关系的信号成分。将被检测的荧光信号和一同频率的电子参比信号进行比较，调节相移器的相角就可以把不需要的组分完全抑制，从而大大提高了信噪比。

(3) 特点

相调制法允许不同方向的直接测量。如在各向异性的延迟测量中，平行和垂直偏振成分的 φ 和 m 的测定。为基于荧光寿命差异的光谱成分的直接分辨提供了一种简单、有效的方法。

脉冲取样技术在激发脉冲之后的一定纳秒时间间隔直接记录下发射光谱，但受到灯脉冲宽度的变形，需加以校正。时间相关单光子计数法也采用光脉冲激发，但检测体系测量的是脉冲和第一个光子到达之间的时间，即灯闪光至电流脉冲到达光电倍增管阳极之间的时间，其灵敏度高，可以得到很好的时间分辨(0.2ns)。在时间分辨的方法中，测量的延迟信号的去卷积对于计算测量系统的限定时间的回应是必要的，而相调制法不受此限制。

3.2.4　时间分辨荧光谱测量

时间分辨荧光光谱就是样品在被激发后的不同时刻发射的光谱。在光谱上，这是以波长 — 时间为坐标平面的波长 — 时间 — 强度的三维光谱图。

时间分辨荧光光谱的测量方法，比较方便的是用光学多道分析仪(OMA)，也可用图 3－5 的时间分辨荧光光子计数装置。用时间分辨荧光光子计数装置时，将其中的多道分析仪设置为选通工作方式。在这种方式下，它只接收时间 — 幅度转换器输出的某一幅度的方波信号，该信号对应于样品被激发后某一时刻 t 所发射的荧光。在实验中，需要同步地扫描光单色仪和多道分析仪，这样得到的输出信号就是样品被激光激发后在时刻 t 所发射的荧光谱。在进行上述的同步扫描时，如改变多道分析仪时间窗相对于激光激发的延迟时间，就可得到样品被激发后的不同时刻的荧光谱。

3.2.5 应用举例(NO_2 分子可见光谱区的荧光激发谱研究)

在光化学的空气污染形成过程中，现已公认 NO_2 起了核心作用。NO_2 分子吸收太阳中的紫外线导致 O 原子的产生，O 原子与 O_2 化合，形成 O_3。O 原子形成 —OH 基，和 O_3 与烃类反应引起光化学污染。此外，在 CO_2 激光器研究中，也发现 NO_2 分子的有害影响。

另一方面，NO_2 分子具有多原子分子的一些典型特征，如态-态相互作用(曲线交叉效应、Renner ~ Teller 效应等)、态内非谐效应(费米共振等)。在多原子分子的不同电子态的振动能级之间，往往存在强相互作用，导致某些振动光谱带出现涨落与复杂结构，因而不能用一组确定的量子数去标定它们。

1) 实验装置

NO_2 分子荧光测量实验装置如图 3 - 14 所示。样品室为不锈钢圆柱体，内径 147mm，高 300mm，内壁涂黑。为抑制杂散光干扰，在圆柱体气室两侧装置进出光长臂通道，臂的长度为 486mm，臂内装置四个孔径为 4mm 的光栏，进出光口为布儒斯特窗。NO_2 气体样品瓶通过一个不锈钢的微型阀与气室相联。圆柱体气室的顶盖为平面不锈钢板，可根据需要在此加装样品的射流喷嘴，以对样品分子进行超声喷流冷却。气室下端与一高真空机组相连，背景真空度为 2×10^{-6} torr。

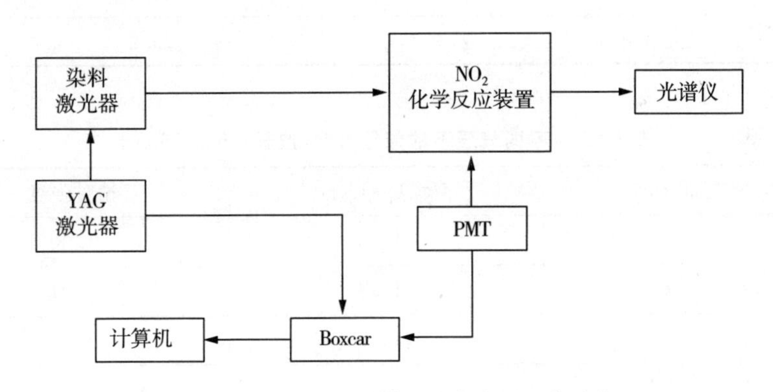

图 3 - 14 分子可见光谱区的荧光测量实验装置

用 Nd：YAG 激光器泵浦的染料激光器作为可调谐光源。光脉冲宽度为 10ns，线宽为 0.003nm，单脉冲能量为 6mJ。从染料激光器输出的光束经一长焦距的透镜 L 聚焦于气室中心。聚焦点处的光斑直径为 0.01mm^2。荧光分子发射的荧光经收集透镜 L_1，L_2，滤色偏 F 后，进入光电倍增管 PM(R456)，根据收集窗口的大小，计算出荧光收集率为 8%。光电倍增管 PM 输出信号馈入 Boxcar 平均器。用一米摄谱仪二级谱作波长定标，光栅常数为 1200/mm，分辨率 0.045nm 和读数误差小于 0.005nm。用空心阴极灯(Na 灯、Fe 灯和 Cu

灯等）对摄谱仪自身定标。

2）能级寿命测量

NO_2 分子在570～600nm波段是 $A^2B_2 \longrightarrow X^2A_1$ 的跃迁。利用上述装置可以测量 $^2B_2$ 态的寿命以及寿命与激光激发波长和气压等的关系。表3-2列出了六个不同的激发波长下的能级寿命值。表3-3列出了激发波长为589.06nm时不同 NO_2 气压下的能级寿命值。这些数据说明 $^2B_2$ 态具有很长的反常寿命。此外，当 NO_2 气压增加到 1.4×10^{-2} 时，荧光衰减曲线出现了双指数。这一结果可以用 NO_2 的电子激发态 $^2B_2$ 和 $^2B_1$ 之间存在碰撞弛豫来解释。在对电子态的寿命分析时，可以把能级的分布看成具有Wigner分布的高斯正交系综(GOE)系统，从能级间的非线性相互作用来解释了电子态具有反常的长寿原因。

表3-2　不同激发波长能级寿命(气压：9.8×10^{-4} torr)

激发波长(nm)	寿命(μs)
574.68	6.0
580.75	31.36
583.72	13.8
587.86	17.35
589.06	15.4
590.35	25.2

表3-3　不同气压下的能级寿命(波长：589.06nm)

NO_2 气压(torr)	寿命(μs) τ_1 τ_2	相对强度
1.0×10^{-4}	17.63	1.00
9.8×10^{-4}	17.30	1.04
2.0×10^{-3}	16.31	1.21
5.0×10^{-3}	9.78	1.62
1.4×10^{-2}	21.36　3.44	1.80
2.8×10^{-2}	19.40　1.25	1.85

3)NO_2 在可见光谱区的不规则振动谱带

利用该装置可以测定出 NO_2 常温下在可见光谱区的数十个振动带，它们来自的 $A^2B_2 \longrightarrow X^2A_1$ 跃迁。但是，只有少数振动带谱线的分布是规则的，而大多数的振动带呈现强度涨落和谱线密集，它们不能只以一组确定的量子数去进行标识。通过对这些振动带的转动分析，可以得到许多自旋和转动禁 $^2B_2$ 戒跃迁，出现不规则振动谱带的原因，是$^2A_1$态的高位能级与$^2B_2$低位能级间存在强的非线性相互作用的结果。采用新的能级统计理论可以对这种现象进行解释。

3.3 激光诱导荧光光谱技术

激光诱导荧光是由经典光谱技术发展起来的一种测试方法，它是以激光为光源的荧光光谱技术，是荧光分析法的一种。

3.3.1 原理及特点

1）原理

在普通的荧光分析中，常采用气体放电光源（如高压汞灯、氙灯、氘灯）作为光源，这些光源均有其局限性，如谱线少、光强小、紫外区输出弱、稳定性差、热效应大等，不能满足各种待测物质的激发需要。与普通光源相比，激光光源具有单色性好、亮度高、方向性强和相干性强等特点，是研究光与物质的相互作用，从而辨认物质及其坐在体系的结构、组成、状态及变化的理想光源。随着激光技术的发展，激光在荧光分析中得到了应用。

激光诱导荧光是一个光的吸收和转化过程。高强度激光能够使吸收物质中相当数量的分子提升到激发量子态，发射荧光强度比散射强度强。激光诱导荧光检测技术的灵敏度较高，检测效果好，使激光诱导荧光光谱成为检测抄底浓度分子灵敏而有效的手段。采用能输出脉冲持续时间短至纳秒或皮秒的高强度脉冲激光器作为激光光源的时间分辨荧光光谱成为研究光与物质相互作用下瞬态过程的有力工具。

2）特点

（1）应用广泛。激光参数可以精确控制。根据不同分子被测特性，可以选择不同参数的激光器或使用可协调激光器，同时也可以针对特定激光器参数选择合适的荧光探针分子，因此，激光诱导荧光技术的应用广泛。

（2）灵敏度高。激光的强度大，根据荧光产生的原理，激发光越强，被激发到激发态的分子越多，产生的荧光强度越强，测试的灵敏度就越高。一般，由激光诱导荧光测量物质的特性比由一般光源诱导荧光所测的灵敏度可提高 2 ～ 10 倍。

（3）光谱分辨率高。激光的方向性、单色性好。普通光源发出的光不具方向性，而激光只朝一个方向发射，光束的发散角很小，一般在毫弧度数量级，同时，光源发射的光谱线纯净，谱线宽度可窄到 $\Delta x < 10\text{nm}$，使分光器件分辨率极高，即具有高光谱分辨率。

（4）产生荧光信号信噪比高。激光激发效率高，荧光强度大，同时，入射激光和散射背景噪声容易被滤光片滤除，因此，易于从背景干扰中检测出荧光信号。

(5) 选择性高。只有在照射光波长与被测分子的吸收能量级相匹配时，才能产生荧光信号，所以，激光诱导荧光光谱分析法仅对产生荧光或者被选择性荧光标记的分子产生影响，能有效消除基体成分的干扰，同时合适激发波长的激光光源比一般激发光源的利用效率高。

(6) 适于生化样品分析。有些生化样品在高强度光源照射下会分解。采用脉冲激光光源则可达到既产生较强的荧光，又不使试样分解的目的。

(7) 适于微区分析。激光可聚焦成很小的光斑(直径 10 ～ 100μm)，因而可用于分析单细胞或细胞核内的元素含量。

(8) 激光的单色性好，可省去激发单色器。由于激光诱导荧光具有高空间分辨率、高时间分辨率、高光谱分辨率三大典型优点，已经广泛应用于各个领域，在后述各章中会分别介绍。

3.3.2　测量装置

激光诱导荧光检测系统主要由激光器、光路、光电器件组成。按照光学系统结构的不同，检测系统可分为斜射式、透射式和共聚焦式三种。

1) 斜射式检测系统

斜射式检测系统激发光路和发射光路成一小于等于90°的角度，如图 3-15 所示。光路比较简单，但需要控制好激发光的入射角度以及荧光检测元件的角度，以使激发面积足够大，并尽量减少被物镜收集的激发光强度，以降低噪声，提高信噪比。当激发光路与发射光路成 90°时，则称为正交式检测系统，此时，激发光对检测干扰较低。

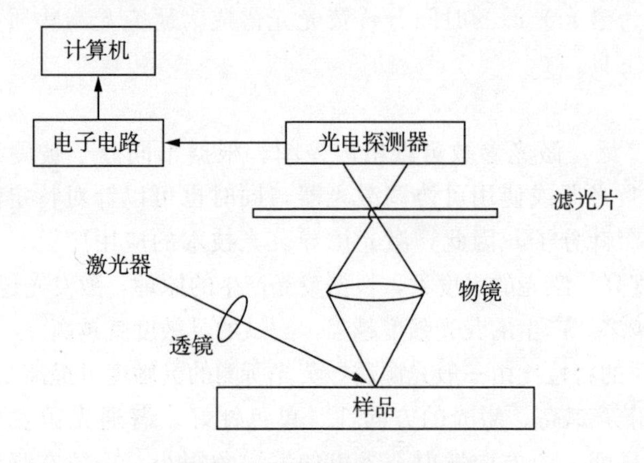

图 3-15　斜射式检测系统

斜射式结构需要两套光学体系(激发光路与发射光路)，结构相对复杂。另外，由于空间位阻，不利于使用较大数值孔径的透镜，影响了荧光收集效率的提高。

2）透射式检测系统

透射式检测系统的激发光路和发射光路相互成180°，图3－16所示系统采用488nm和514nm的混合激光束作为激发光源，检测以4种荧光素标记的样品混合物，测量525nm、555nm、580nm、605nm处荧光发射强度。这种结构有可能使较高强度的激光以及外界杂散光进入物镜，对荧光检测造成干扰，因此，需要在检测光格中加入合适滤光片，滤除杂散光，提高信噪比。

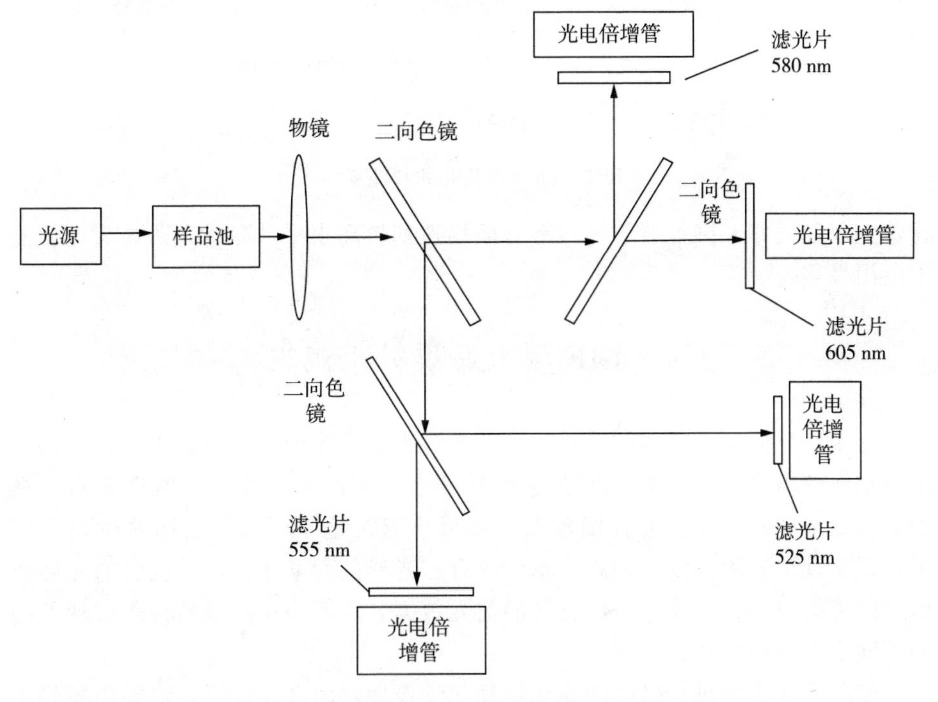

图3－16　透射式检测系统

3）共聚焦式检测系统

如图3－17所示，从激光器发出的激光经二向色镜反射至主物镜，主物镜将激光束聚焦在检测点上。检测点处的荧光物质在激光的激发下产生荧光，荧光由主物镜捕获后变成平行光，通过二向色镜后被聚焦透镜聚焦至针空。通过针孔的光再经滤光片滤除荧光以外的散射光，最后被光电探测器接收，经电子电路放大后，经数据采集由计算机处理。

在共聚焦检测光路中，要保证光阑（针孔）与聚焦在检测点的激光光斑分别处于光路的两个共轭焦点上，只有激光焦点处产生的荧光才能通过针孔而被检测，而其他部位产生的荧光和杂散光由于不能在针孔处聚焦而被屏蔽，可大大减小检测点以外区域产生的背景杂散光，得到很高的信噪比。共聚焦式检测系统仅需一套光学体系，结构简单，可以使用高数值孔径显微镜头，因此，它

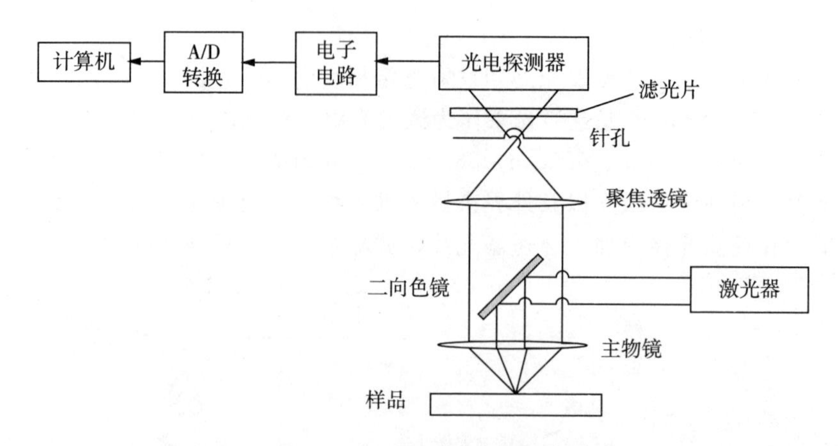

图 3-17　共聚焦式检测系统

在荧光收集效率及降低背景噪声等方面均达到较高水平，在激光诱导荧光检测中应用最多。

3.4　LIF 技术与煤矿水源识别

由于所处的地质环境的差异，导致各含水层水体所含有的物质千差万别。如若水体的组成存在不同，那么它们受激辐射所产生的荧光光谱也是不一样的。若是水体的组成相差程度较大，即可很直观地于荧光光谱图之中显示出来，即表现出较远的空间间距。水体中含有各异的元素成分，其吸收的光和散射出的光能量会让水体显示出各异的荧光数据，此即为本课题的科研贡献了一种不同于传统的思想与方向。

矿井含水层经过长时间的地球物理化学作用，因此各煤层含水层物质趋于相对稳定，在短时间内不会发生巨大变化，但是由于所在地层的不同，也会使含水层水中的物质在物质成分和浓度上出现较大差异，这就为水源识别提供了鉴定依据，水中的物质成分及浓度即可作为水源识别的判定因子。根据激光诱导荧光光谱技术原理可知，能级是各荧光物质的基本属性，相应即会具备各自独特的特征荧光光谱，所以水体中的不同物质都有自己的特征荧光光谱，而且浓度的不同也会造成特征荧光光谱的变化，因此矿井含水层水体的特征荧光光谱即水体中全部物质特征荧光光谱的整体叠加表现，是水体在物质成分和浓度差异上的光谱表现，并非某一种或几种物质的荧光光谱表现，其水体成分的差异即会表现在荧光光谱的不同上，对应的含水层的水体也会表现出特定规律的荧光光谱，根据荧光光谱的不同利用光谱的模式识别原理即可对涌水水源进行在线式水源识别，进而达到突水预警的目的。

现阶段常规的突水水源识别皆使用水化学方法，以水体中含量较为丰富的

7种代表离子的离子浓度作为分析因子，根据离子浓度的不同进行含水层水体的水源的识别，激光诱导荧光光谱分析技术用于突水水源识别同常规的水化学方法原理相识。不同的是，常规水化学法以7种代表离子的离子浓度为判别因子进行水源识别，所含水体信息较少，而利用激光诱导获得的荧光光谱是水体中所有物质的整体荧光光谱反映，可以理解为含有水体所有物质的全部信息，只不过是包含在水体的荧光光谱里，其分析因子即为全波段的荧光光谱信号，即以全部的荧光光谱信号进行水源识别。其与常规水化学方法殊途同归，而且由于是水体全部物质的荧光光谱表现，含有水体的所有信息，因此较常规水化学方法的识别更加准确，对于一些使用常规水化学方法识别较为困难的水源也可以通过荧光光谱实现快速准确的识别。

在物质检测以及分析化验范围内，LIF 技术具有精确可靠等特点，主要是利用不同波长范围内荧光强度各异的情况来实现检测，其主要分析过程为：

(1) 光电探测器将得到的微弱光信号实现光电转换；

(2) 利用高速数据处理单元实现数据的大规模运算，获取光谱的自相关函数；

(3) 使用光谱模式识别原理实现光谱的定性分析；

(4) 通过光谱定量分析获取某些特定的化学和物理参数，如透射率、所含物质元素、物质浓度等。

激光监测水样的重要依据就是依据荧光体的光谱特征。在激光单色器波长不变的情况下，荧光物质的浓度越低，那么对应的荧光光谱即拥有越高的精确度和灵敏度，其单个个体的检测能力也会随之变大。选取可变发射波长的激光器检测煤矿水源，依据荧光光谱分析原理，测量得到水体在激发光变化时相应的辐射荧光强度，在一定程度上，这可以反映在不同激发光源的激发下，煤矿水源对激光吸收的相对效率。利用激发单色器，我们就能够获取到荧光物质的对应光谱，选取差异波长的入射光激发待测水源，在激光发射光源发射某一固定波长的情况下被测水体即会辐射出不同的荧光。通过光谱仪等装备，我们即可获取荧光谱图与不同激光发射波长之间的对应关系。通过对待测水体荧光谱图信息的研究，我们即可识别荧光物质的特定属性，同时也可据此进行分析，以获取最佳的激光发射光源，为进一步的实验分析创造条件。

LIF 技术检测突水水源的模型框图如图 3 - 18 所示，其具体步骤如下所示：特定波长激光器在稳压电源的支持下正常工作，产生特定波长激光，经具有相应特性的光纤传输，到达微型荧光探头，探头将激光打入被测水体，而后接收被测水体受激辐射产生的荧光，经过一些滤波滤光模块的作用得到所需光谱波段，再经相应光纤传输至光谱仪，进行光电信号的转换以及模数转换等，最终将获取的光谱数据经相应通信传输至上位机，进行光谱数据分析。

依据比耳-朗伯定律(Beer - Lambert Law) 数学表达式可知，被测物质发

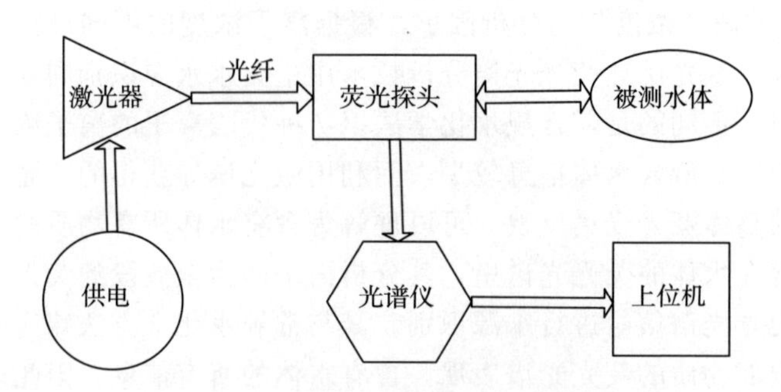

图 3-18 LIF 技术检测突水水源的模型框图

射荧光的光强 F 为：

$$F = K \times P_0 \times QE \times [1 - 10^{(-\alpha \times L \times c)}] \tag{3-77}$$

式中，F 代表被测物质发射荧光的光强，K 代表光源的几何参数属性，P_0 代表激光光源的发射功率，QE 代表被测物质的荧光效率，α 代表被测物质的摩尔吸收系数，L 代表光程距离，c 代表被测物质中的荧光物质浓度。在获取对应参数时，依据测量的发射荧光强度与另外一些相应参数即可以获知被测物质中相应成分的含量。

3.5 本章小结

本章主要对荧光的基本原理进行分析介绍，并对其具体分类，如原子荧光光谱、分子荧光光谱特性进行分析，对其中诸如荧光寿命、测量方法与装置进行了重点介绍，并对 LIF 技术用于煤矿水源识别的可行性进行了分析。

4　光谱数据分析

对某些能影响光谱变化特性因子的准确测量技术称之为光谱分析技术，应用此技术进行检测，其本质就在于在相互之间搭建某种相关的函数联系，基于此种联系，即可以对影响样本的特征因子进行定量检测。综上所述，光谱分析技术需要进行定标模型(校正模型）的搭建来进行对不确定样本的分析，不同于常规的分析技术，特点在于对变量进行间接的分析。

图 4-1 为光谱定量分析基本流程图：① 提取典型样本的光谱数据；② 采用标准方法获取所需指标的数据；③ 对光谱数据和指标数据采用合适的化学计量学方法进行提取并构建相关的校正模型，利用相关技术对建立的模型进行改进，例如光谱预处理、建模波段选择等技术；④ 通过对前期建立的模型来分析预测未知样本。

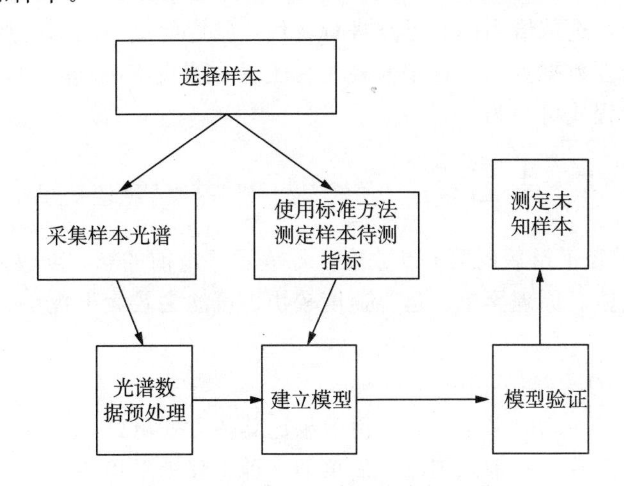

图 4-1　光谱定量分析基本流程图

利用对先前分类好的样本进行光谱特征和分类建模，再对未知的样本进行光谱分析，采用聚类原理判别样本是否在已有类别的范畴，光谱分析技术也可对样本进行定性的分析与识别。定性分析的具体环节如下：① 获取典型样本的光谱数据；② 采用合适的分类方法搭建已采集光谱的校正模型；③ 对未知属性的样本通过先前搭建的校正模型进行定性分析识别。总而言之，校正模型的高效与正确性无论是对于光谱的定量分析抑或是定性分析都是十分重要的。

4.1　光谱预处理方法

当仪器放置于矿井涌水点现场采集水体荧光光谱时，由于井下环境恶劣，以及仪器精度等问题，导致许多干扰噪声夹杂在水体荧光光谱数据中，大量毛刺的出现也使得谱图的质量得不到保证，这将增大光谱数据分析的出错概率。因此，降低噪声、提高信噪比是进行谱图处理和分析的重要步骤。常用的光谱预处理方法有谱图平滑法、中值滤波法、高斯滤波法、标准矢量归一化法(SNV) 以及相关优化翘曲法(COW) 等。

4.1.1　谱图平滑法

1) 邻近点比较法(Neighbor - Compare)

亦称为单点平滑。对每个数据点以及其周围点的数据值进行对比分析可以判定干扰性脉冲信号的真实性，若是通过对数据值的比较发现差距较大，超出预设的阈值，即可判定为干扰性脉冲信号，利用平均值法求得一定范围内数据的平均值取代即可消除此干扰噪声数据，而对其他部分数据并无影响。注重调节参数的选择，选取恰当的邻近点进行替代，判定此点与周围的点间不同的阈值，这些在处理数据点的过程中需要尤为注意。假设 $k = 2m + 1$，则对任何 k 点平均法的方程式可写为：

$$X_i = \frac{1}{k}\sum_{j=-m}^{m} x_{j+i} \quad i = m+1,\ m+2,\ \cdots,\ n-m \tag{4-1}$$

式中，X_i 表示经平滑后的第 i 点数值，x_i 表示平滑前的第 i 点数值，n 表示谱图数据的总点数。原理简单、运算速度较快、可滤去较大干扰是邻近点比较法的优点。

2) 移动平均法(Moving - Average)

对信号进行平均时采用多点平滑效果比其他方式更好，所以是用来减小噪声常用的方法之一，其中原理较为简单的一种是移动平均法。

首先，数据点的选择较为重要，通常为奇数个且是数据序列邻近的点，这些被选取的点构成一个窗口。计算所选取点的平均值，然后利用所求得的均值取代窗口中心数据点的数据值，即得到采用平滑方法后新的数据点。其次，利用下一个数据点代替窗口内的第一个数据点，并形成新的窗口，但是窗口内数据点的总数是固定的。以此类推，窗口中心的数据点利用奇数个数据点的平均值来取代，一直进行移动以及平均直到数据尾端。若窗口的跨度为 $2m+1$，即窗口内的原始数据总数，则可以获取得到 $N-2m$ 个平滑后的新数据点。平滑处理后的数据点 X_i 可用公式表示如下：

$$X_i = \frac{1}{2m+1}\sum_{j=-m}^{+m} x_{i+j} \quad (4-2)$$

式中，i 为平滑后的数据序号，x_i 为原始信号数据，X_i 为处理后的信号数据。

4.1.2 中值滤波法

中值滤波(Median - Filter)作为一种典型的非线性滤波技术被广泛应用。在特定的情况下，线性滤波中最小均方滤波、均值滤波等因素所引起的信号细节模糊问题可以被较好地克服，并且对信号扫描噪声和滤波脉冲干扰的处理效果也很好。奇数点的滑动窗口是一般经典中值滤波的特点，特点是利用各点的数据中值来替代指定点的数据值。中值是经大小排列后中间两个元素数据值的平均值，这是偶数个元素的特点，对于奇数个元素来讲，中值是经排列后中间的数据。

中值滤波器是一种可以有效降低脉冲干扰的低通滤波器，可以完全除去尖波干扰噪声是它最大的特点。标准一维中值滤波器的定义为：

$$y_k = med\{x_{k-N}, x_{k-N+1}, \cdots, x_k, \cdots, x_{k+N}\} \quad (4-3)$$

式中，med 代表中值运算函数。中值滤波的滤波方法是对滑动滤波窗口 $(2N+1)$ 内的数据值进行降序排列，滤波结束的最终数据即是该信号的中值。

4.1.3 高斯滤波法

高斯滤波(Gaussian-Filter)是一种线性平滑滤波，适用于消除高斯噪声，通俗地讲，高斯滤波就是对信号进行加权平均的过程，利用加权平均的方法对数据点本身及其邻域的一些数据点进行运算求得该点的值。高斯滤波的具体操作是：以掩模和卷积为手段处理序列里的各数据，用其处理邻域数据获取的加权平均灰度值取代模板中心数据点的值。一维零均值高斯函数为：

$$g(x) = \exp(-x^2/2\times\sigma^2) \quad (4-4)$$

式中，高斯分布参数 σ 决定了高斯函数的宽度。

4.1.4 标准矢量归一化法

标准矢量归一化法(Standard Normal Variate，SNV)主要的作用是抑制其他干扰因素对 NIR 漫反射光谱的影响，例如光程变化、表面散射以及固体颗粒大小等。SNV 算法和标准化算法的原理大致相似，差异表现在 SNV 算法是针对光谱阵的行进行运算的，即处理对象是某一条光谱，而标准化算法是针对光谱阵的列进行运算的，即处理对象是某一组光谱，但两种算法的运算公式是一致的。对要进行 SNV 归一化处理的荧光数据依据公式 4－5 进行运算：

$$SNV_i=\frac{x_{i,k}-\overline{x_i}}{\sqrt{\sum_{k=1}^{m}(x_{i,k}-\overline{x_i})^2/m-1}} \quad k=1,2,\cdots,m \quad i=1,2,\quad\cdots,n \tag{4-5}$$

式中，m 为波长点数，n 为校正集样品数，$\overline{x_i}$ 为第 i 样品的光谱平均值。

4.1.5　相关优化翘曲法

相关优化翘曲法(Correlation Optimized Warping，COW)算法是一种广泛应用在化学计量学中的方法，主要用于数字信号对齐(discrete data signal alignment)。该方法先选中一个谱图作为目标光谱提出的一种数字信号对齐算法，在化学中已有广泛应用。该方法先选定一个光谱图作为参考光谱(目标光谱)，然后利用一种动态程序(dynamic programming)将其他光谱与这个参考谱图进行对齐(align)处理，以此校正一组光谱中的漂移。该方法通过采用线性插值(linear interpolation)对除参考光谱外其余光谱的荧光曲线进行分段拉伸和压缩(piecewise linear stretching and compression)能够很好地完成对各个光谱数据的对齐。

该算法将转移数据，如色谱、核磁共振光谱，通过连续的节段线性拉伸和压缩程序，可获取具有最佳关联数据性的参考色谱或频谱。其步骤主要分为以下两步：第一步是把数据分成指定数量的部分，优化翘曲原始光谱数据以获取新数据。第二步主要是移动参数的定义，允许足够的运动段在最大可能的灵活性下进行数据优化。

4.1.6　微分谱

1) 概述

微分谱也称为导数光谱，本质上是测量信号强度分布的斜率，其特点是可显著减小谱带宽度，即随着导数阶数增加，谱带变锐，带宽变窄。由于它能消除背景和重叠峰的干扰，提高分辨率和灵敏度，因而有广泛的用途。

获得微分谱的方法一般可分为三大类：一类是使用特殊的光学设计来产生微分谱，称为光学法；一类是用电子学方法来获得微分谱，称为电子学法；还有一类是数值微分法。

光学法一般又可分为双波长法和波长调制法。双波长法是用两束相距 $\Delta\lambda$ 的不同波长的单色光对波长进行扫描，扫描时 $\Delta\lambda$ 为一较小数值且保持恒定，这样就能得到微分谱。其缺点在于只能得到一阶导数。波长调制法中最常用的是正弦调制，这种方法可得到高阶导数，但装置复杂。

电子学法又叫电子微分法，是用 RC 微分线路直接产生微分谱。一般分光光度计扫描速度 $d\lambda/dt$ 是一恒定参数，通常在扫描中固定为一定值，因此，$dI/d\lambda$ 与 dI/dt 成正比，故可用 dI/dt 来替代 $dI/d\lambda$。用电子学法能获得任意阶微分谱。此法简单，但信噪比随着导数阶数的增加迅速降低。

数值微分法是将光谱数字化后，在微机上用软件进行微分处理。这种方法不需要特定的硬件装置，灵活方便，是现在普遍采用的谱图微分法。

2）微分谱原理

理论上，任何光谱都可以看作是若干正弦函数的叠加。设二正弦函数为

$$a = a_0 + a_1\sin(\omega_1\lambda)$$

$$b = b_0 + b_1\sin(\omega_2\lambda) \tag{4-6}$$

式中，ω_1 和 ω_2 分别为二正弦函数的角速度。叠加后得

$$A = a + b = a_0 + b_0 + a_1\sin(\omega_1\lambda) + a_2\sin(\omega_2\lambda) \tag{4-7}$$

对波长 λ 取一阶导数为

$$\frac{dA}{d\lambda} = \omega_1 a_1\sin(\omega_1\lambda + \frac{\pi}{2}) + \omega_2 b_1\sin(\omega_2\lambda + \frac{\pi}{2}) \tag{4-8}$$

n 阶导数为

$$\frac{d^n A}{d\lambda^n} = \omega_1^n a_1\sin\times(\omega_1\lambda + \frac{n\pi}{2}) + \omega_2^n b_1\sin\times(\omega_2\lambda + \frac{n\pi}{2}) \tag{4-9}$$

设 a 为高频信号，b 为低频信号，角速度之比为 $\omega_1:\omega_2=3:1$，振幅之比为 $a_1:b_2=1:4$，则其二阶导数振幅之比为 $\omega_1^2 a_1:\omega_2^2 b_1=9:4$，4 阶导数振幅之比为 $\omega_1^4 a_1:\omega_2^4 b_1=81:4$。可见，随着导数阶数的增加，高频成为对结果的影响越来越大，而低频成分的影响则越来越小，甚至可以忽略不计。

对于两个完全重叠的等高但不等宽的高斯型谱带 X 和 Y（设 $W_X:W_Y=1:3$），导数阶数（n）、导数振幅（D_n）及原始带宽（W）之间的关系为

$$D_n \propto (\frac{1}{W})^n \tag{4-10}$$

对 X、Y 重叠谱，随导数阶数 n 增加，锐谱 X 比宽谱 Y 的导数光谱放大 $\frac{W_Y}{W_X}$ 倍，即

$$\frac{D_{nX}}{D_{nY}} = (\frac{W_Y}{W_X})^n \tag{4-11}$$

因此，随着导数阶数的增加，锐谱 X 逐渐变大变窄，而宽谱 Y 逐渐拉宽拉

平，这样，导数光谱法可选择性地消除宽谱带吸收干扰，提高检测灵敏度。

3）常用的数值微分法

（1）差分法

差分法是用差分值近似代替微分值。设采样集为$\{(x_i, y_i), i=0, 1, \cdots, n-1\}$，则可用下面几类差分近似代替微分。

① 前向差分

$$y_i{}' = \frac{y_{i+1} - y_i}{x_{i+1} - x_i} \tag{4-12}$$

② 后向差分

$$y_i{}' = \frac{y_i - y_{i-1}}{x_i - x_{i-1}} \tag{4-13}$$

③ 中心差分

$$y_i{}' = \frac{1}{2}\left(\frac{y_{i+1} - y_i}{x_{i+1} - x_i} + \frac{y_i - y_{i-1}}{x_i - x_{i-1}}\right) \tag{4-14}$$

中心差分也称为中点法，是前两种方法的算术平均，比它们更接近真值。若采样是等间隔的，即

$$x_{i+1} - x_i = x_i - x_{i-1} \tag{4-15}$$

则式 4-15 可简化为

$$y_i{}' = \frac{y_{i+1} - y_{i-1}}{2h} \tag{4-16}$$

差分法虽然精度不高，但它简单易行，运算较快，故在采样比较密集、对速度要求高于对精度要求的情况下，仍不失为一种很有效的方法。尤其是在采样不等间隔时，其他方法的复杂性和运算量就大大增加，而差分法几乎不受影响。

（2）代数插值法

代数插值法是用已知函数（曲线）近似代表离散的采样序列，使拟合函数在所有采样点处的值同实际的采样值相等，因拟合原则、拟合函数的不同而导致不同的方法。最小二乘法的目标是所有采样点处的偏差平方和最小。用代数多项式表示插值函数时，称为代数插值（通常简称为插值）；而三角函数插值则就是著名的有限离散傅立叶变换。

以二次拉格朗日插值为例，对代数插值法进行说明。

如果已知函数（函数的具体形式未知或不能一解析式形式表达）$y=y(x)$ 在 x_1，x_{i+1}，x_{i+2} 三点上的函数值为 y_1，y_{i+1}，y_{i+2}，那么，可以过这三个点$(x_i$，

y_i)，(x_{i+1}，y_{i+1})和(x_{i+2}，y_{i+2})做一条抛物线 $y=p_2(x)$(2 表示二次插值)，这条抛物线是 x 的二次函数，而且在点 x_i，x_{i+1}，x_{i+2} 上取值为 y_i，y_{i+1}，y_{i+2}，所以满足对插值函数的要求。这样，可以用此抛物线近似代替曲线 $y=y(x)$，称为拉格朗日二次插值。引入以下二次插值基函数：

$$l_i(x)=\frac{(x-x_{i+1})(x-x_{i+2})}{(x_i-x_{i+1})(x_i-x_{i+2})}$$

$$l_{i+1}(x)=\frac{(x-x_i)(x-x_{i+2})}{(x_{i+1}-x_i)(x_{i+1}-x_{i+2})} \tag{4-17}$$

$$l_{i+2}(x)=\frac{(x-x_i)(x-x_{i+1})}{(x_{i+2}-x_i)(x_{i+2}-x_{i+1})}$$

易知

$$l_k(x_i)=\delta_{ki}=\begin{cases}1, & i=k\\ 0, & i\neq k\end{cases}\quad (i, k=0, 1, 2, \cdots, n) \tag{4-18}$$

则过三点的抛物线可以表示为

$$p_2(x)=y_i l_i(x)+y_{i+1}l_{i+1}(x)+y_{i+2}l_{i+2}(x) \tag{4-19}$$

此即为二次拉格朗日插值多项式。其导数为

$$p_2{}'=\frac{y_i}{2h^2}(2x-x_{i+1}-x_{i+2})-\frac{y_{i+1}}{2h^2}(2x-x_i-x_{i+2})+\frac{y_{i+2}}{2h^2}(2x-x_i-x_{i+1}) \tag{4-20}$$

易得三点处的导数值分别为

$$\begin{cases}y_i'=p_2'(x_i)=\dfrac{1}{2h}(-3y_i+4y_{i+1}-y_{i+2})\\[2ex] y_{i+1}'=p_2'(x_{i+1})=\dfrac{1}{2h}(y_{i+2}-y_i)\\[2ex] y_{i+2}'=p_2'(x_{i+2})=\dfrac{1}{2h}(y_i-4y_{i+1}+3y_{i+2})\end{cases} \tag{4-21}$$

用式 4-21 结合三数据点窗口的移动即可得到整个区间的微分值。

(3) 多项式拟合法

多项式拟合法即“代数多项式-最小二乘拟合法”，其基本原理与多项式平滑方法是完全相同的。应用最小二乘原理，用某一阶段的多项式(关键：阶次的选择) 拟合窗口(关键：窗口大小的选择) 内的数据点。得到拟合多项式(拟合曲线) 后，对该多项式求导，得到的导数曲线即为原光谱的导数光谱，若需要离散数据值，对导数曲线进行采样即可。

以 5 点二次拟合($2m+1=5$，拟合式 $y=\beta_0+\beta_1 x+\beta_2 x^2$，导数式 $y'=\beta_1+2\beta_2 x$) 为例，可得到 5 个点处的一阶导数值为

$$\begin{cases} y'_{i-2}=\dfrac{1}{70h}(-54y_{i-2}+13y_{i-1}+47y_i+27y_{i+1}-26y_{i+2}) \\ y'_{i-1}=\dfrac{1}{70h}(-34y_{i-2}+3y_{i-1}+27y_i+17y_{i+1}-6y_{i+2}) \\ y'_i=\dfrac{1}{10h}(-2y_{i-2}-y_{i-1}+y_i+y_{i+1}+2y_{i+2}) \\ y'_{i+1}=\dfrac{1}{70h}(6y_{i-2}-17y_{i-1}-13y_i-3y_{i+1}+34y_{i+2}) \\ y'_{i+2}=\dfrac{1}{70h}(26y_{i-2}-27y_{i-1}-33y_i-13y_{i+1}+54y_{i+2}) \end{cases} \tag{4-22}$$

此即为一个窗口内各点的微分值，移动窗口即可得全区间的微分值。

(4) 傅里叶变换法

无论是简单的差分法，还是稍微复杂的代数插值法和多项式拟合法，都存在两个问题：① 由于噪声无规则起伏波动的本性，用上述方法求导都会放大噪声信号，严重降低信噪比。② 由于上述递推公式自身存在误差项，故往往求导阶数越高，误差越大。傅里叶变换法由于将时域微分转化为频域中的代数运算，从而较好地解决了上述问题。该方法来源于傅里叶变换的一个简单性质，某函数导数的傅里叶变换等于原函数的傅里叶变换乘以因子 $i\omega$。这就提供了求解导数的一种途径：① 求原函数的傅里叶变换；② 将原函数的傅里叶变换乘上因子 $i\omega$；③ 求傅里叶逆变换。可见，只要实现了傅里叶变换，求导相对就很简单了。

求高阶导数类似，因为傅里叶变换(关于微分) 更普遍的性质是某函数的 n 阶导数的傅里叶变换等于原函数的傅里叶变换乘上因子$(i\omega)^n$。可见，这种方法的另一优点是计算量与导数阶次几乎没有任何关系，而前述方法在求高阶导数时，运算量或复杂性一般都要大大增加。

实际应用中，很多噪声变现为傅里叶变换谱的高频分量，可通过乘上低通滤波函数而将噪声降低。故这种方法不会显著放大噪声(甚至可以削弱噪声)，信噪比较前述方法要高得多。

4.1.7　谱段积分

信号从形状上区分大体有两大类。一类是规则形状并可用数学模型或数学函数形式表示出来，例如，有规则的脉冲信号其脉冲高度、脉冲间距、脉宽都

是有意义的；或条状信号，这种信号仅高度和位置(如时间、荷质比、位移值等)是有意义的。另一类信号其形状是无规则的，或难于用数学函数形式表示出来，而形状(面积和峰位)、位置是有意义的。例如，色谱峰、光谱图(峰)以及其他各种信号曲线等。对于后者，无规则信号的面积计算，即信号的积分在定量、定性分析中是很有意义的。下面简要介绍两种谱段积分方法。

1) 梯形法

将信号曲线进行等分，x_0，x_1，x_2，…，x_{n-1}，且 $\Delta x_1 = x_1 - x_0 = \Delta x_2 = \cdots = h$，因为是矩形，所以各等分区域面积分别为 $a_1 = h(y_0 + y_1)/2$，$a_2 = h(y_1 + y_2)/2$，…，则全部面积为

$$A = \int_{x_0}^{x_{n-1}} y\mathrm{d}x = a_1 + a_2 + \cdots + a_{n-1} = \frac{h}{2}(y_0 + 2y_1 + 2y_2 + \cdots + y_{n-1}) \tag{4-23}$$

面积将随 h 趋向于无穷小而趋向于准确值，误差可随计算者的要求而定。此方法最简单，但误差几乎是最大的，是该方法的最大缺点。

2) 辛普森(Simpson) 法

辛普森法实际就是用抛物线近似代替梯形的斜边。具体推导同梯形法类似，当采样点数 n 为奇数时，辛普森积分公式为

$$A = \frac{h}{3}(y_0 + 4y_1 + 2y_2 + 4y_3 + 2y_4 + \cdots + y_{n-1}) \tag{4-24}$$

上述推导过程中假设积分区间是等分的，实际可能难以满足。若区间不是等分，上述公式就要复杂一些，但原理一样，而且对计算机处理来说，增加的复杂性是有限的。

4.1.8 数学变换 —— 傅里叶变换

在光谱仪器中，数学变换的应用极广，最常见的是傅里叶变换。

1) 傅里叶变换

傅里叶变换是时域函数和频域函数间相互变换的数学方法。一个非正弦波形的周期函数可展开为不同频率的正弦和余弦函数的叠加。因为一个非周期函数可看作周期无穷大的周期函数，傅里叶级数中各分量频率间的间隔 $\Delta\omega$ 趋于无穷小，故可用积分代替级数之和，称为傅里叶积分，即

$$f(t) = \frac{1}{2\pi}\int_{-\infty}^{+\infty}\left[\int_{-\infty}^{+\infty} f(\tau)\mathrm{e}^{-i\omega\tau}\,\mathrm{d}\tau\right]\mathrm{e}^{i\omega\tau}\,\mathrm{d}\omega \tag{4-25}$$

令

$$G(\omega) = \frac{1}{\sqrt{2\pi}}\int_{-\infty}^{+\infty} f(t)\mathrm{e}^{-i\omega t}\,\mathrm{d}t \tag{4-26}$$

则

$$f(t)=\frac{1}{\sqrt{2\pi}}\int_{-\infty}^{+\infty}G(\omega)e^{i\omega t}d\omega \tag{4-27}$$

式中，t 为时间，ω 为频率，$i=\sqrt{-1}$，$f(t)$ 表示时间的函数，$G(\omega)$ 表示频率的函数。利用式 3-71、式 3-72 可将 $f(t)$ 和 $G(\omega)$ 互相变换。通常，将由 $f(t)$ 变为 $G(\omega)$ 称为傅里叶正变换，而将由 $G(\omega)$ 变为 $f(t)$ 称为傅里叶逆变换。

2）离散傅里叶变换

傅里叶积分虽然在理论上早已解决，但用于信号处理有一定困难，因为计算量太大。用电脑做数值计算需要将连续型函数离散化，即将一个波形在 $t=t_0\sim t_{n-1}$ 的区域内分为 $n-1$ 个等距的区间，在每一个 $t_k\sim t_{k+1}(k=0,1,\cdots,n-2)$ 的间隔内用 $f(t_k)\exp(-i\omega t_k)$ 近似代替傅里叶积分中的 $f(t)\exp(-i\omega t)$，并将积分用求和近似表示，即

$$G(\omega)=\sum_{k=0}^{n-1}f(t_k)\exp(-i\omega t_k)\Delta t \tag{4-28}$$

当将一个波形在时域中离散化时，在相应的频域中也要做离散化运算，即将 ω 也等分，从而得

$$G(\omega_q)=\Delta t\sum_{k=0}^{n-1}f(t_k)\exp(-i\omega_q t_k) \tag{4-29}$$

这称作离散傅里叶变换。Δt 分得越小，计算越精确。但由于这种离散化方法需做多次复数运算，运算量很大，即使用大型高速计算机也要占用不少机时，因而无法广泛采用。

3）快速傅里叶变换

1965 年，Cooley 和 Tukey 提出一种快速算法，称快速傅里叶变换，可将计算机运算所用时间缩短好几个数量级，从而使傅里叶变换在信号处理上获得较大的应用。因 $t_k=k\Delta t$，$\omega_q=q\Delta\omega$，若满足 $\Delta t\Delta\omega=2\pi/n$，则式 3-74 变为

$$G(q\Delta\omega)=\Delta t f(k\Delta t)\exp(-i\frac{2\pi}{n}kq) \tag{4-30}$$

若记

$$f_k=f(k\Delta t),\quad G_q=G(q\Delta\omega) \tag{4-31}$$

$$\tilde{\omega}=\exp(-i\frac{2\pi}{n}) \tag{4-32}$$

则式 4-32 可写作

$$G_q = \Delta t \sum_{k=0}^{n-1} f_k \tilde{\omega}^{kq}, \ q=0, 1, \cdots, n-1 \tag{4-33}$$

这是 n 个线性方程。考虑到 $\tilde{\omega}^{kq}$ 的周期性，即

$$\tilde{\omega}^n = (e^{-i\frac{2\pi}{n}})^n = 1 = \tilde{\omega}^0 \tag{4-34}$$

故上述线性方程组在求解时有许多计算是重复的。只需将算得的结果储存起来，在后面遇到时即可调用而不必另行计算，从而使计算速度大大加快。

4) 应用

傅里叶变换可用于信号平滑、复原畸变信号及求导等。平滑的原理和方法为：如果有一个波形 $G(\omega)$ 由于包含噪声需要平滑，只需先对它进行傅里叶逆变换变为时域函数 $f(t)$。显然，经变换得到的 $f(t)$ 也包含噪声。再用一个适当的修匀函数(应该是时域的) 与之相乘，得到的 $f'(t)$ 就被修匀了，将 $f'(t)$ 再做傅里叶变换，使之变为频域函数即可得到光滑的曲线。

在光谱中常会遇到谱图畸变。主要原因有：① 谱线展宽效应。最主要的是多普勒效应引起的变宽。② 分析仪器本身的缺陷。例如，单色器的分辨率有限等。这种畸变过程在数学上可用卷积积分描述，即畸变波形是真实波形与畸变函数的卷积积分。因此，从实验室得出的畸变谱图和畸变函数可算出真实的图形，这在信号处理中称为重叠相加(overlap adding) 法。可用傅里叶变换处理。设 $G(\omega)$ 是记录的谱图(畸变的)，而 $G'(\omega)$ 是真实(无畸变的) 谱图。用 $B(\omega)$ 表示畸变函数，则有

$$G(\omega) = \int_{-\omega}^{\omega} G'(w) B(\omega) d\omega \tag{4-35}$$

若 $G(\omega)$、$G'(\omega)$ 和 $B(\omega)$ 经傅里叶逆变换分别得 $f(t)$、$f'(t)$ 和 $A(t)$，则由傅里叶变换的性质：两函数卷积的傅里叶(逆) 变换等于其各自傅里叶(逆) 变换的乘积，得

$$f(t) = f'(t) A(t) \tag{4-36}$$

$$f'(t) = \frac{f(t)}{A(t)} \tag{4-37}$$

因此，根据记录的谱图求出其傅里叶逆变换 $f(t)$，除以畸形函数的傅里叶逆变换，在经傅里叶变换即可得到真实的谱图 $G'(\omega)$。当然，在此之前要先用类似的方法求出畸变函数的傅里叶逆变换。

由上面的分析可知，傅里叶变换可以有很多十分有效的应用。实际上，傅里叶变换在光谱分析中的地位越来越重要。不仅在红外光谱方面已替代了色散型的光栅仪器，而且实现了可见与紫外光谱方面的应用。

4.1.9　光谱预处理效果的评价指标

光谱预处理算法多以降噪为主要目标(当然也有其他一些算法的目标为峰值位置对齐等)，因此我们主要观察本次光谱预处理的降噪效果。判定某一滤波方法的降噪效果一般是在处理过程中由某些数字评价指标的对比来实现的，比如均方差(*MSE*)、信噪比(*SNR*)和峰值信噪比(*PSNR*)。一般情况下 *MSE* 数值越小则滤波效果越理想，*SNR* 值越大信号越真实，*PSNR* 值则决定了信号的失真程度，信号失真程度与 *PSNR* 值成反比。

MSE 表达式：

$$MSE = \sqrt{\frac{1}{N}\sum_{n=1}^{N}\left[s(n)-\hat{s}(n)\right]^2} \qquad (4-38)$$

SNR 表达式：

$$SNR = 10\log_{10}\left[\sum_{i=1}^{N}s^2(n)/\sum_{i=1}^{N}(s(n)-\hat{s}(n))^2\right] \qquad (4-39)$$

PSNR 表达式：

$$PSNR = 10\log_{10}\left[\frac{(2^n-1)^2}{MSE}\right] \qquad (4-40)$$

式 4-38 与 4-39 中，$s(n)$ 为原始信号，$\hat{s}(n)$ 为经过降噪处理后的信号。

4.2　光谱模式识别建模方法

矿井的水源能够产生荧光光谱信号，再对该光谱数据进行分析与检测，就可以判断出水源的属性及其是由哪些物质组成的，荧光光谱分析系统就是根据这一原理来进行识别的。

一般，通过光谱技术来对物质属性进行判别的步骤如下：待测物质经过系统的激光激发之后，获得其光谱数据，然后将该数据与某已知物质的数据进行分析对比。若是两组光谱数据差距很小，那么基本可判定检测的物质和已知的物质属于同一类别，若是两光谱曲线相差很大，则认定待测物质非该已知物质。利用此种特性，即能够实现对检测到荧光光谱数据的初步比较以及识别的功能。

由于模式识别技术以及计算机技术的不断更新换代，基于模式识别以及计算机技术的光谱识别技术同样获得了很大的提升，已变成进行光谱分析方向的核心技术。光谱识别技术就是利用计算机的强大运算功能，使用模式识别办法实现大量光谱数据的对比，依据光谱数据间的空间距离等参数，获得未知物质和已知物质间内部组成关系的技术。

通常情况下，光谱模式识别建模可由光谱信号的特征提取、光谱信号特征库以及光谱信号的判识三部分组成，如图4-2中光谱识别的基本结构所示。具体实施时通常可依据计算机软件编程功能，实现不同的模式识别算法，并构建数据库来实现。

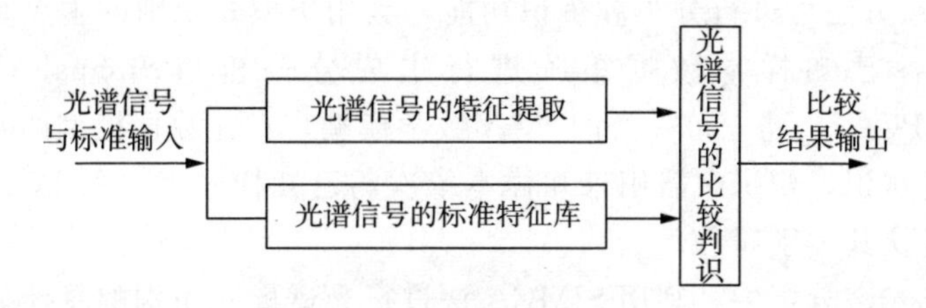

图4-2 光谱识别的基本结构

通常来说，所有的模式识别方法依据是否需要已知样本集能够被分成两大类，分别为无管理识别方法以及有管理识别方法。无管理识别方法无须通过训练集的学习即可进行识别，基本方法主要有广义Llogd算法(GLA)、最小生成树法以及分级聚类法等。有管理识别方法进行建模识别时，则必须事先知道某几类样本的属性，即需要一已知样本集。实验建模中，已知样本集又被分为两部分，即建模集和验证集。把建模集样本的数据及类别告知计算机，使其经过学习建立一个辨识模型；验证集的作用主要是对所建模型进行测试，判定建模的正确率，已确定建模的可行性。这样未知样本即可通过所建模型进行辨识。有管理识别方法的基本结构如图4-3所示。常用的有管理识别方法有偏最小二乘判别分析法(Partial Least Squares-Discriminant Analysis，PLS-DA)，簇类的独立软模式法(Soft Independent Modeling of Class Analogy，SIMCA)，K最近邻法(K-Nearest Neighbor，KNN)等。本章的实验分析是在突水水源样本类别已知的基础上进行建模，具有形成模式类过程的知识，因此本次实验采用的光谱模式识别建模方法为有管理识别方法。

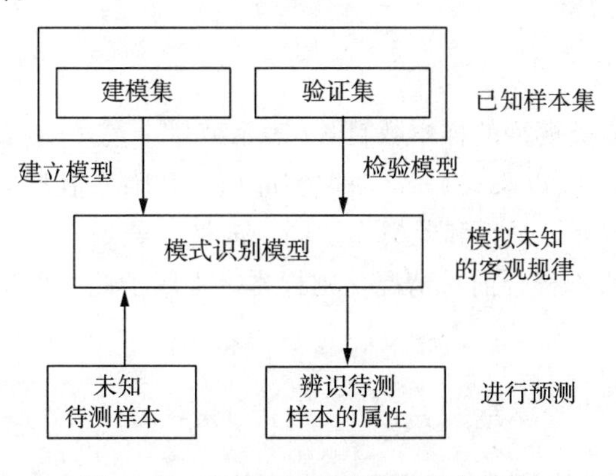

图4-3 有管理识别方法的基本结构

4.2.1 SIMCA

SIMCA 方法实际上是相似分析方法，是瑞典化学家 Wold 在 1976 年首先提出的，并在化学计量分析和光谱、色谱的定性分析中取得了良好的应用效果。SIMCA 方法可进行分类和辨识功能，其用于模式识别的主要步骤为：对建模集中各已知样本数据矩阵进行主成分分析（Principal Component Analysis，PCA），建立每一类的 PCA 数学模型，在此数据模型的基础上对未知样本进行辨识，辨识中需用未知样本依次与已知样本建立的 PCA 模型进行拟合，以确认其类别属性。

在荧光光谱分析中，利用 SIMCA 法进行光谱模式识别的具体分析原理和步骤如下。

(1) 建立类的主成分回归模型，对于第 1 类样本中的第 n 个样本矢量，其 PCA 回归模型可用公式 4-41 表示：

$$x_{mn}^{l}=\overline{x_{m}^{l}}+\sum_{a=1}^{A_{l}}\beta_{ma}^{l}\theta_{na}^{l}+\varepsilon_{mn}^{l} \tag{4-41}$$

式中，$\overline{x_{m}^{l}}$ 为类 l 中变量 m 的均值，A_l 为类 l 中主成分个数，β_{ma}^{l} 为变量 m 在主成分 a 上的载荷；θ_{na}^{l} 为样本 n 在主成分 a 上的得分；ε_{mn}^{l} 为残余误差。

(2) 通过建立的 l 类模型拟合知样本 r，l 类模型和未知样本 r 的相似度使用拟合残差 ${S_l}^2$ 来代替，计算 l 类模型的拟合残差 ${S_l}^2$ 及总体偏差 S_0^2，计算表达式见公式 4-42 及公式 4-43。

$$S_l^2=\sum_{m=1}^{t}(\varepsilon_{mr})^2/(t-A_l) \tag{4-42}$$

$$S_0^2=\sum_{n=1}^{n_l}\sum_{m=1}^{t}(\varepsilon_{mn})^2/[(n_l-A_l-1)(t-A_l)] \tag{4-43}$$

式中，n_l 表示第 l 类模型的样本数目，t 表示变量个数，ε_{mr} 表示残余误差。

(3) 根据式 4-42 以及式 4-43 获取实际值 F 和临界值 F_0，利用 F 的显著性程度来识别未知样本 r 是否和此类模型同一属性。若是 $F<F_0$，那么样本 r 则属于此类模型；若不符合前一情况，则样本 r 不属于此类模型。

$$F=S_l^2/S_0^2 \tag{4-44}$$

$$F_0=F_\alpha[(t-A_l),(n_l-A_l-1)(t-A_l)] \tag{4-45}$$

式中，α 表示显著性程度，$(t-A_l)$，$(n_l-A_l-1)(t-A_l)$ 为 F 分布的自由度。

4.2.2 PLS-DA

PLS-DA本质上是PLS2(有若干个独立变量，即矩阵$\boldsymbol{Y}$)，是基于PLS回归的一种判别分析方法。PLS-DA算法是为了寻求特征空间内和矩阵$\boldsymbol{S}$具有最大协方差的隐变量。PLS-DA在发现特征空间内的线性组合变量以后，将其变换为矩阵$\boldsymbol{S}$中拥有强大的预测能力的变量。此类模型能够通过下式来表示：

$$\boldsymbol{S}_{N\times J}=\boldsymbol{X}_{N\times P}\boldsymbol{C}_{P\times J}+\boldsymbol{D}_{N\times J} \tag{4-46}$$

在公式4-46中，N为样本数，J为样本的类数，P为自变量数，$\boldsymbol{X}$代表回应矩阵，$\boldsymbol{D}$代表误差矩阵。使用$\boldsymbol{s}_j^{\mathrm{T}}$来表示矩阵$\boldsymbol{S}$中的各行，表示相应的样本所表示的种类，并且根据下式进行量化：

$$\boldsymbol{s}_j^{\mathrm{T}}=\begin{cases}1 & \text{若样本属于}j\text{类}\\ 0 & \text{反之}\end{cases}\quad j=1,2,\cdots,J \tag{4-47}$$

所以，使用二进制来对矩阵$\boldsymbol{S}$进行量化，其各行相加的最终结果皆为1，且矩阵$\boldsymbol{S}$中各列的回归系数矢量皆与矩阵$\boldsymbol{C}$中的各列相互对应。相对未知样本来说，其分类矩阵$\boldsymbol{S}_{un}$能够利用运算获取的响应矩阵$\boldsymbol{X}_{un}$以及回归系数矩阵$\boldsymbol{C}$计算来得到，公式如下所示。

$$\boldsymbol{S}_{un}=\boldsymbol{X}_{un}\times\boldsymbol{C}_{P\times J} \tag{4-48}$$

但是，需要明确的是公式3-62中的二进制的结构有可能不会出现在得到的分类矩阵$\boldsymbol{S}_{un}$中，因为$\boldsymbol{S}_{un}$的计算值皆是实数，所以，需要将数值改为类属性。举例如下，如果$\boldsymbol{S}_{un}$中第n列是第m行的最大值所在处，那么对应的样本即判定是第n类。

通过建模集构成的分类矢量和特征因子的PLS模型，即可对验证集中的未知样本进行判别，主要依据是分类矢量(Predicted category variable S，S_{p})与偏差值(Deviation S，S_{D})。若$S_{\mathrm{p}}>0.5$，且$S_{\mathrm{D}}<0.5$，则确定待测样本符合本类属性；若$S_{\mathrm{p}}<0.5$，且$S_{\mathrm{D}}<0.5$，则确定未知样本不符合本类；当$S_{\mathrm{D}}\geqslant 0.5$，判别不稳定。

4.2.3 KNN

KNN算法是一种有管理识别方法，其原理简单、方法实用，其算法的分类原理依据模式识别的“空间分布中属性相同的样本互相邻近”这一思想进行，获取待判未知样本与k个最近邻域中已知样本之间的距离，就算待测类别处于线性不可分环境中，这种方法依然能够做出正确辨识。KNN算法较为直观，实际使用中，需要把建模集中的所有样本数据都放置于计算机中，分别计算每一个未知待判样本和已知类建模集样本的空间间距 D_i，如公式 4－49 所示。

$$D_i=\sqrt{\sum_{i=1}^{n}(x-y_i)^2} \tag{4-49}$$

根据空间距离的远近，确定最近的 k 个样本。若是 $k=1$，则表明，未知的样本和这个最近邻样本属于相同类型。若是 $k>1$，那么表明最近邻的 k 个样本可能并不归属相同类别。对于此种情况即需要使用“表决”的方法进行判断，若是于所选择的最小距离范围内，拥有比较多数目的第 m 类建模集的样本，并且间距又较小，那么即能够断定该未知样本归属第 m 类；如果拥有比较多数目的第 n 类建模集的样本，且间距较小，那么即能够断定该未知样本是第 n 类；以此类推。有判别函数如下所示：

$$S=\sum_{i=1}^{k}S_i/D_i \tag{4-50}$$

式中，S_i 为训练集中第 i 个样本的取值，当 i 属于第 1 类时取 1，否则取 0；D_i 表示第 i 个样本点与未知样本点之间的空间间距。由公式 4－50 可以看出，在距离一样的条件下，S_i 值与总权重值 S 成正比，即样本数越多，总权重值 S 就越大；而在样本数一样的条件下，D_i 值则与总权重值 S 成反比，即距离越小，对总权重值 S 的贡献度却越大。分别计算未知样本与各类的已知样本的权重 S，权重大的即未知样本的类别。

KNN 的特点为对所研究的模型环境是否为线性可分没有要求，同时也不用单独对其进行监督学习，对于新的样本和模式来说，可以较为容易地使用所建立的识别模型，并且可以用于解决类别在三种及以上的分类识别问题，由此可见此算法还是较为简单易行的。但是该算法不具备进行高维数据的降维压缩处理，只能够在低维数据环境下使用，对于数据维数较高的光谱数据，最好先使用其他算法进行降维处理，再使用 KNN 算法进行建模识别。另外，未知样本的分类结果对 k 值的选择依赖度较大，k 值选择的不同即可导致未知样本的归属出现变化，并且目前对 k 值的选择随机性较强，未发现有何规律，仅可依据经验以及实际的建模识别环境来选择 k 值，但是通常条件下，k 的取值不能太小。

4.2.4 SVM

SVM 属于现代有管理识别方法的一个方向，包含较佳的统计学习理论基础，在回归分析和模式识别中使用的比较频繁，可以于高维特征环境下进行训练，并可处理多元校正难题(非线性和线性皆可)，特别是能够良好地处理小样本、高维和非线性的模式识别问题，而且可以开拓使用于包括归纳学习在内的人工智能处理领域中。SVM利用最大化决策边界的边缘来控制模型，根据VC维理论(Vapnik－Chervonenkis，统计学定义指标，用于度量函数集学习能力，VC维越大，则学习机器越复杂)以及结构风险最小原理进行算法构建，它的算法思想为经非线性映射把研究的非线性问题投影于高维特征空间转变为线性问题，把低维空间矢量向高维进行转换，在这个更高维空间里组成一最大间隔超平面，接着在其两端构成相互平行的两个超平面，改变超平面所处的地方让两者间的距离呈现最大，随着距离的增加，分类器产生的误差将降低。SVM通过一组线性函数来替换二规划从而计算支持矢量(support vector，SV)，其算法函数如下所示：

$$y(x)=\sum_{i=1}^{n}a_iK(x, x_i)+b \tag{4-51}$$

式中，a_i 表示拉格朗日乘子，$K(x, x_i)$ 表示核函数，x_i 表示输入矢量，b 表示误差。依据SVM进行模式识别，必须注意三个关键点，依次为最优核参数、核函数以及合适的输入数据集。

4.2.5 神经网络

人工神经网络是建立在现代神经科学研究成果基础之上的一种抽象的数学模型，它反映了大脑功能的若干基本特征，但并非逼真地描写，只是某种简化、抽象和模拟。

神经网络的连接方式有多种，其中用的比较多的是反向传播模型。图4－4为该模型的基本结构，有输入层、隐蔽层和输出层三部分组成。

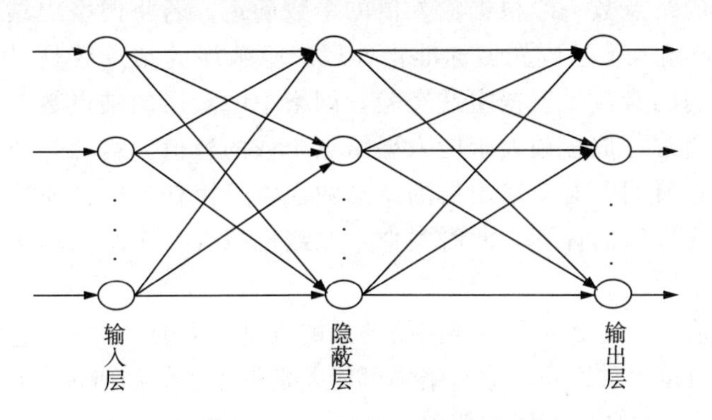

图4－4 三层神经网络结构示意图

图中圆圈表示神经元。数据由输入层输入，经标准化处理，并施以权重传输到第二层(即隐蔽层)。隐蔽层进行输入的权重加和、转换，然后传输到输出层，输出层给出神经网络的预测值或模式的判别结果。

神经网络具有自学习的功能。若向网络输入若干一直样本，网络则将其回应与期待值比较，然后调整网络参数使误差逐渐减小，直到网络的输出符合问题的需要为止。其方法原理如下。

设有三层反向传播网络：输入层有 l 个结点，隐蔽层有 m 个结点，输出层有 n 个结点。

设输入矢量为 $\boldsymbol{X}=[x_0, x_1, \cdots, x_{l-1}]^{\mathrm{T}}$；第一层(输入层)的输出为 $\boldsymbol{X}'=[x'_0, x'_1, \cdots, x'_{l-1}]^{T}$；隐蔽层输出为 $\boldsymbol{X}''=[x''_0, x''_1, \cdots, x''_{m-1}]^{\mathrm{T}}$；输出层的输出为 $\boldsymbol{Y}=[y_0, y_1, \cdots, y_{n-1}]^{\mathrm{T}}$。设输入层与隐蔽层之间的权为 ω'_{ij}，阀值为 θ'_j；隐蔽层与输出层之间的权为 ω''_{jk}，阀值为 θ''_k，则各层神经元的输出满足下式：

$$x_i=f(x_i),\quad i=0, 1, \cdots, l-1 \tag{4-52}$$

$$x''_j=f(\sum_{i=0}^{l-1}\omega'_{ij}x'_i\theta'_j),\quad j=0, 1, \cdots, m-1 \tag{4-53}$$

$$y_k=f(\sum_{j=0}^{m-1}\omega''_{jk}x''_j\theta''_k),\quad k=0, 1, \cdots, n-1 \tag{4-54}$$

式中，f 为 Sigmoid 函数，即

$$f(s)=\frac{1}{1+\mathrm{e}^{-x}} \tag{4-55}$$

这样，就可以通过样本集的训练调整网络各层之间的权，以使网络输出和期望值相符。由此得到的权便能够实现未知输入和输出之间的正确映射。

在网络设计和使用中，一般而言，三层网络即可满足绝大多数的问题需要。输入层的结点数一般根据输入值的个数确定。若将网络中结点值定义为 0 ～ 1 之间，输入值还应先做标准化处理。隐蔽层的结点数是另一个对分析结果产生影响的参数。根据实践经验，网络中隐蔽层的结点数与输入层的结点数有关，通常可取稍稍大于输入层结点个数的数值。当然，还要兼顾网络的性能和运行时间。对于输出层的结点数通常是由任务的性质决定的。单结点通常用于连续值的计算，此时类似于非线性拟合；多结点输出一般用于模式识别。

初始权重的设置对整个神经网络的影响也是很大的。初始权重同训练结果直接相关，初始权重不同，输出结果可能差别较大。但如何选取初始权重，尚无公认的规律，只能在实践中摸索。

在人工神经网络的训练中，还要尽可能地避免“过训练”(over-training)。所谓“过训练”，是指尽管训练集的均方根偏差随着迭代次数的增加继续降低，但测试集的均方根偏差开始上升。“过训练”是整个系统去“契合”个别样本所

致。为避免过训练，可以采取以测试集监控训练集的训练过程的方法。

在有些问题中，预处理可能是很重要的。预处理是指在把数据输入人工神经网络之前，对原始的光谱数据（通常是各波长的谱线强度值）所做的纯计算性数据处理，目的是更好地反映光谱的结构特征，提高信噪比，减少人工神经网络的学习时间，提高分析精度。

通过理论分析和实际运用人工神经网络进行光谱数据分析，发现人工神经网络无论是定性还是定量分析，其结论都具有相当高的准确度和可靠性，尤其对于非线性问题的解决具有非常显著的效果，而且分析快速，因而这种分析手段十分适合与荧光光谱分析。

4.2.6 遗传算法

遗传算法（genetic algorithm，GA）是一类借鉴生物界的进化规律（适者生存、优胜劣汰遗传机智）演化而来的随机搜索方法，由美国的 Holland 教授于 1975 年首先提出。遗传算法的主要特点是直接对结构对象进行操作，不存在求导和函数连续性的限定；具有内在的隐并行性和更好的全局寻优能力；采用概率化的寻优方法，能自动获取和指导优化的搜索空间，自适应地调整搜索方向，不需要确定的规则。遗传算法的这些性质已被广泛地应用于组合优化、机器学习、信号处理、自适应控制和人工生命等领域，在光谱技术方面逐渐开始应用。

1）基本原理

遗传算法抽象于生物体的进化过程，通过全面模拟自然选择和遗传机制，形成一种具有“生成＋检验”特征的搜索算法。遗传算法以编码空间代替问题的参数空间，以适应度函数为评价依据，以编码群体为进化基础，以对群体中个体位串的遗传操作实现选择和遗传机制，建立起一个迭代过程。在这一过程中，通过随机重组编码位串中重要的基因，使新一代的位串集合优于老一代的位串集合，群体的个体不断进化，逐渐接近最优解，最终达到求解问题的目的。

2）基本步骤

遗传算法在整个进化过程中的遗传操作是随机性的，但它所呈现出的特征并不是完全随机搜索，而是能有效地利用历史信息来推测下一代期望性能有所提高的寻优点集。这样一代代地不断进化，最后收敛到一个最适应环境的个体上，求得问题的最优解。

标准遗传算法的基本流程和结构如图 4－5 和图 4－6 所示。

从图 4－5 和图 4－6 可以看出，遗传算法的运行过程为一个典型的迭代过程，其必须完成的工作内容和基本步骤如下。

（1）选择编码策略，把参数集合 X 和域转换为位串结构空间 S。

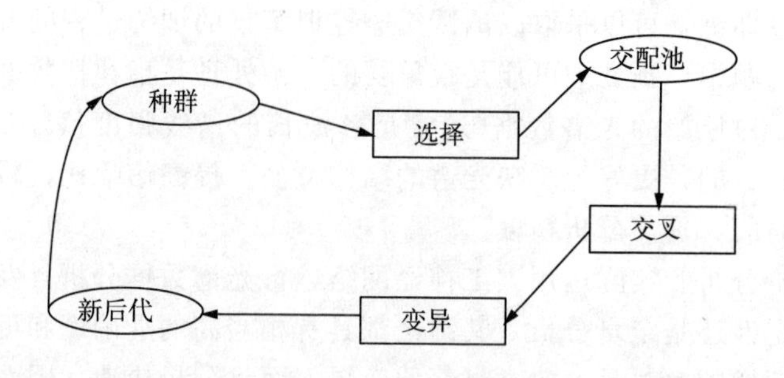

图 4-5　遗传算法基本流程图

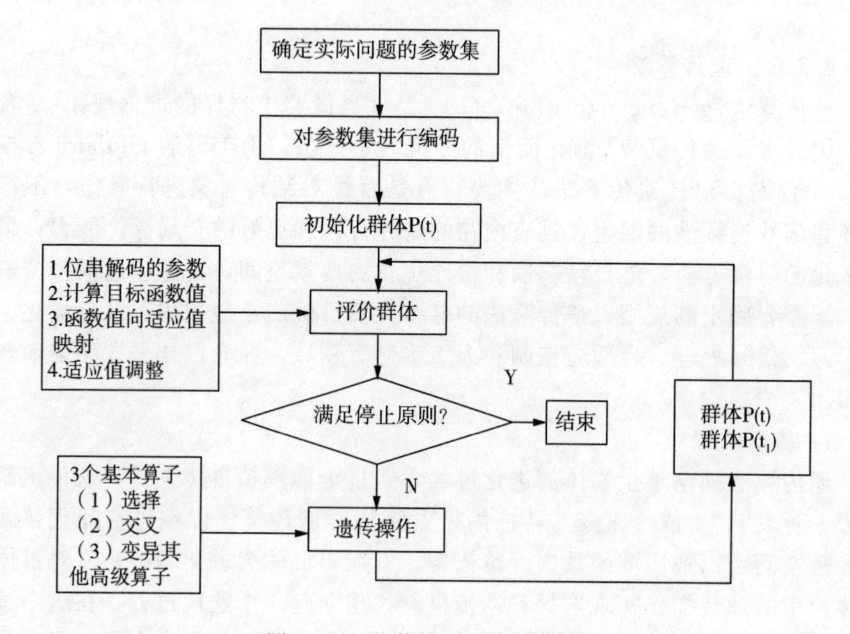

图 4-6　遗传算法迭代过程图

(2) 定义适应度函数 $f(X)$。

(3) 确定遗传测量，包括选择群体大小 n，选择、交叉、变异方法，以及确定交叉概率 P_c、变异概率 P_m 等遗传参数。

(4) 随即初始化生成群体 P。

(5) 计算群体中个体位串译码后的适应值 $f(X)$。

(6) 按照遗传策略，运用选择、交叉和变异算子作用于群体，形成下一代群体。

(7) 判断群体性能是否满足某一指标，或者已完成预定迭代次数，不满足则返回步骤（6），或者修改遗传策略再返回步骤（6）。

4.3 本章小结

对LIF技术进行理论介绍，介绍激光诱导荧光光谱产生原理，并在此基础上进行了LIF技术用于煤矿水源识别的说明，为LIF技术用于煤矿水源识别模型的建立提供理论支撑。

介绍了光谱分析的具体流程，对本章中有可能用到的若干光谱预处理方法如：谱图平滑法、中值滤波法、高斯滤波法、标准矢量归一化法和相关优化翘曲法进行了理论分析，为下一步的煤矿水样荧光光谱预处理做好理论基础工作；对本章中有可能用到的若干光谱模式识别建模方法如：SIMCA、PLS-DA、KNN和SVM进行了理论分析，为下一步的煤矿水样荧光光谱模式识别做好理论基础工作，为光谱分析技术在煤矿水源识别的应用提供技术支撑。

5 LIF 系统的构建

5.1 系统总体概述

系统主要由硬件和软件两大部分组成。硬件部分又由电路和光路部分组成，其具体连接如图 5-1 所示。电路部分主要包含电源和若干通信模块，考虑到该系统在技术等条件成熟后会在井下进行在线式监测，因此电源设计采用本安电源。光路部分主要包含激光器、连接光纤、浸入式微型荧光探头和光谱仪等，其具体组成如图 5-2 所示。

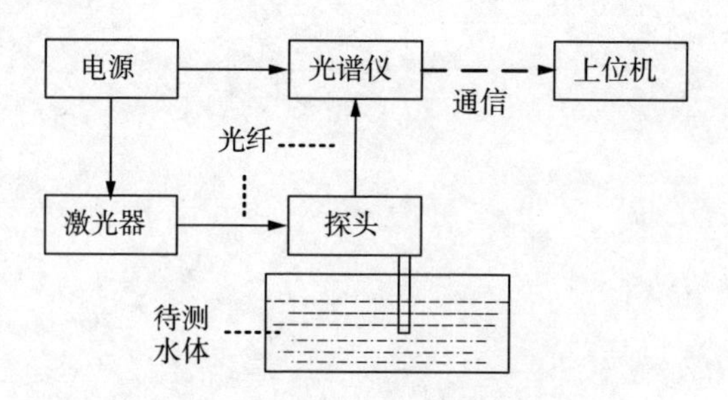

图 5-1 LIF 采集系统结构图

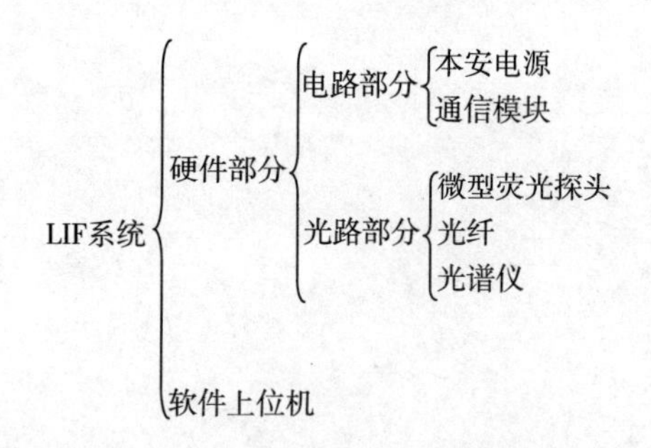

图 5-2 LIF 采集系统组成图

该系统电路部分主要功能是为光路模块（激光器、光谱仪）供电，并提供通信保障。光路部分的主要功能是获取水体的荧光信号，由光谱仪检测接收。通信链路部分主要是设计一种适用于井下的通信网络。上位机的主要工作是根据算法进行水源类别的在线识别，并实时显示。

5.2 硬件电路设计

5.2.1 电源设计

该部分设计主要是为激光器及光谱仪进行供电，本系统的激光器采用＋5V供电，而光谱仪使用＋12V 供电，鉴于后期在井下进行现场实验，因此电源设计采用本安形式，并将整体电源模块置于矿用防爆壳中。其 5V 本安电源电路系统框图如图 5－3 所示。

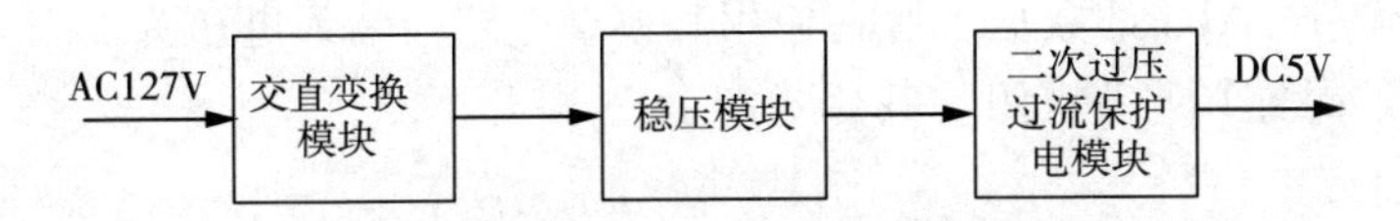

图 5－3 5V 本安电源电路系统框图

图中输入电压为 127V 交流电，输出稳定的直流电压为 5V，输出的直流电流最大值能够到达 1.0A。从输入到输出中间经过交直流变换模块，再经过稳压模块，最后到二次过压过流保护模块。具体电路如图 5－4 所示。

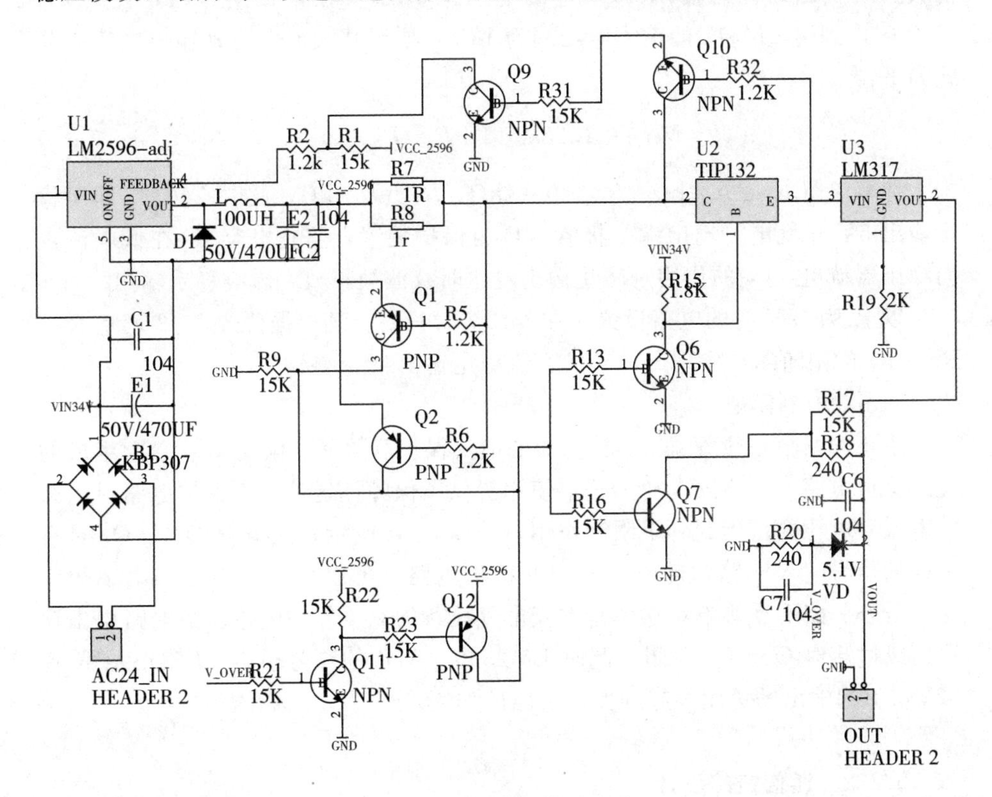

图 5－4 本安电路原理图

1）交直流变换模块

127V 交流电经变压器作用转化为 24V 交流电，进入整流桥 KBP307，在极性电容 E_1 与独石电容 C_1 共同组成前级滤波电路的作用下，整流输出得到 24V 直流电。其中 E_1 的主要作用存储电能，稳定电压，C_1 的主要作用是滤除高频干扰，防止自激振荡，影响输出质量。

2）稳压模块

因输入输出电压差比较大且输出电流也比较大，且 LM317 的功耗不宜过大，一般加散热片后功耗最好也不要超过 20W，因此电路设计采用分档调压。根据 LM2596 - ADJ 的数据手册，使用其典型电路，输入电压为 24V，输出电压为 15V，配置其调节电阻。其公式如下：

$$V_{OUT}=V_{REF}\ (1+R_1/R_2) \qquad (5-1)$$

式中，$V_{REF}=1.23V$，实际选用电阻时与计算值稍有偏差，选取电阻 $R_1=15k\Omega$、$R_2=1.2k\Omega$，精度为 1%。实际排版时，R_1、R_2 需要尽量靠近 LM2596 - ADJ 的 4 脚，以减小干扰。极性电容 E_2 与独石电容 C_2 仍共同组成前级滤波电路，稳定输出 15V 直流电压。TIP132 在正常工作时，V_{CE} 约为 3V，因此到达 LM317 的输入电压约为 12V，根据其数据手册其输出电压有公式如下：

$$V_{OUT}=1.25V\ (1+R_{19}/R_{17//18}) \qquad (5-2)$$

选取电阻 $R_{17}=1.2k\Omega$、$R_{18}=0.24k\Omega$、$R_{19}=0.6k\Omega$。此时 LM317 即可稳定输出 5V 直流电。输出端二极管 VD 为保护装置，防止电容 C_7 在低电流点向稳压器放电，C_7 的作用是防止输出电压时纹波被释放，影响稳定输出。

以上为＋5V 时的电路设置，在＋12V 时只要合理根据公式 5 - 2 调整 R_{17}、R_{18}、R_{19} 的阻值即可实现＋12V 的直流稳定输出。

3）保护电模块

主要为两个三极管 Q_1、Q_2 构成的电流保护双闭环，以及 Q_{11}、Q_{12} 组成的过压保护电路。为本安电源的正常使用提供了保障，这是由于保护电路对电路中电流和电压的范围起到了限制作用。如图 5 - 4 所示，三极管 Q_1 和 Q_2 具有一样的信号输入电路，这两路相同的保护电路，可以确保其中之一出现故障时，另外一路不受影响，这便是本安电气设备的双重保护电路。当电路中出现过压或过流时 Q_9、Q_{10} 关闭，此时 LM2596 - ADJ 的 4 号引脚 FEEDBACK 置 12V，引起输出的关闭，起到保护电路的作用。

5.2.2 通信链路设计

鉴于井下通信的复杂性，且通信转换较多，因此设计相应的通信方式进行通信验证，以模拟实际井下通信，为后续的下井实验提供借鉴。

图 5-5 为煤矿常用的通信网络，各类传感器、控制器首先将挂在 CAN 总线上进行数据的统一传输，而后经过通信转换，接入井下的光纤环网传输至井上监控主机等。结合井下实际情况和实验室现有环境，本章设计了一套通信网络进行井下通信的可行性验证，其结构如图 5-6 所示。

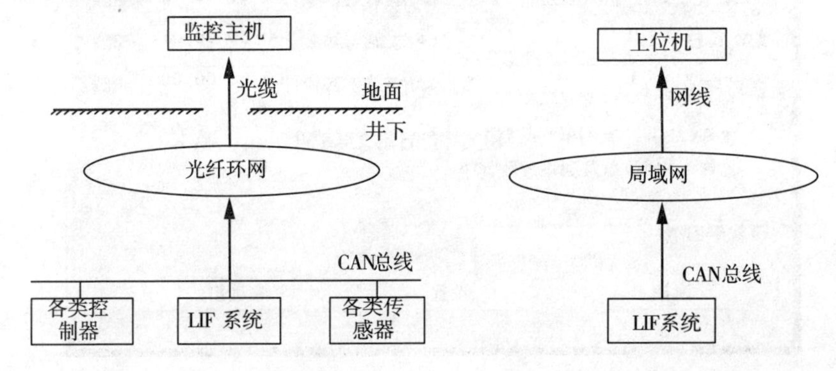

图 5-5　井下通信网络　　　图 5-6　实验室井下通信模拟结构

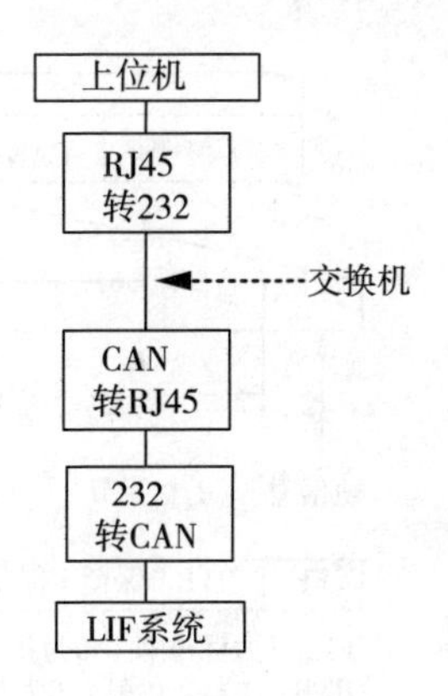

图 5-7　通信转换顺序

本次使用的 LIF 系统其数据由光谱仪 USB2000＋产生，其通信方式为 232 通信，因此首先进行的是 232 转 CAN 通信，将 USB2000＋产生的数据转化为 CAN 通信数据格式，而后是 CAN 转 RJ45 通信，将 CAN 通信数据格式转化为适合网络通信的数据格式，并传至程控交换机，而后再进行 RJ45 转 232 通信，将数据传至上位机，由上位机接收处理，其顺序如图 5-7 所示。图中的各转化方式分别使用相应的通信转化模块进行功能实现。232 转 CAN 使用的是宇泰公司的 RS-232/485 转 CANBUS 智能协议转换器 UT-2506，其设置如图 5-8 所示，232 传输串列传输速率 9600，CAN 通信的传输串列传输速率为 10K，转换模式透明传输。需要说明的是 UT-2506 产生的 CAN 数据为加工后的数据，在后续上位机接收时要进行数据处理。CAN 通信格式 13 位，前 5 位为标志位，后 8 位才是真正的数据，如图 5-9 所示。故原本需发送命令“S”给光谱仪，光谱仪才会进行一次光谱扫描，在经过 CAN 的转换后，根据 CAN 数据格式，数据命令变为 0100000000530000000000000000（S 的 ASC 码加标志），原本由 USB2000＋产生的一次数据为 4113 个，在经过 CAN 通信后将变为 6695 个，在进行上位机设计处理时要每隔 13 位取后 8 位数据重新组合，才能得到原始数据。在 CAN 转

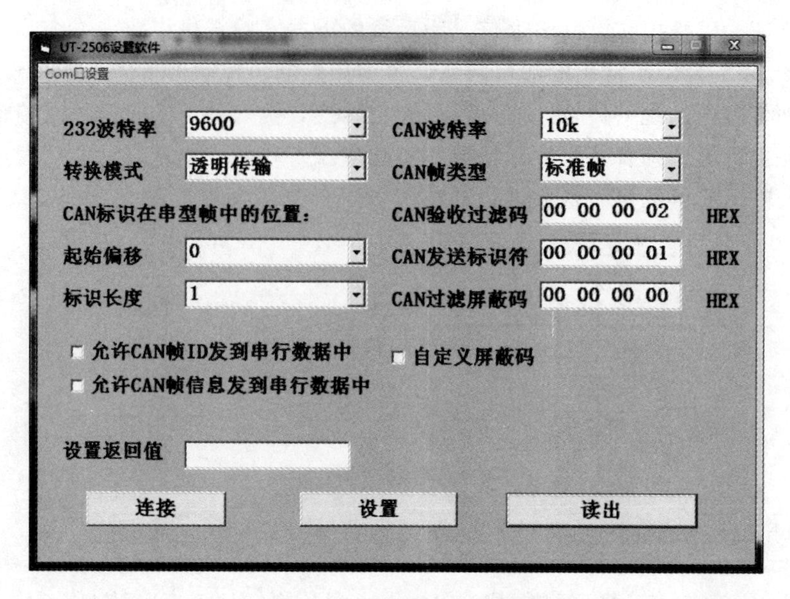

图 5-8　232 转 CAN 设置

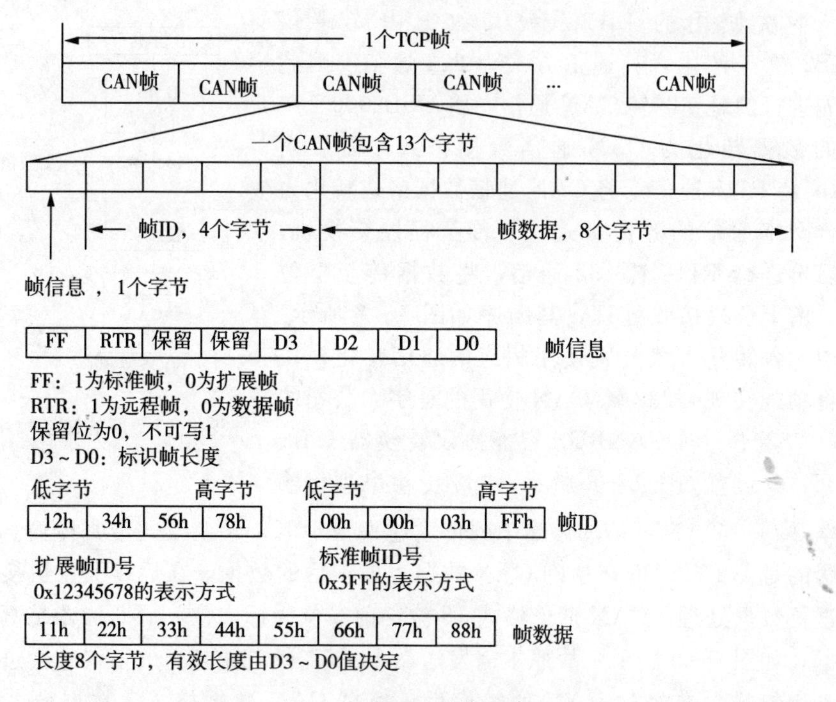

图 5-9　CAN 通信格式

RJ45 使用的为广州致远电子有限公司的以太网-CAN 转换器 CANET-100T 实现 CAN-bus 数据和 Ethernet 数据相互传输的功能进行数据转换，RJ45 转

232 使用的是济南有人科技有限公司的产品 USR - TCP232 - T24，此时要实现两数据模块的通信要进行 IP 等参数的设置，其设置如图 5 - 10 所示，CANET - 100T 为服务器（TCP SERVER），IP 地址设置为 192.168.1.118，工作端口 4007，其可进行 3 路的目标端口连接，鉴于本次设计只有一路 LIF 系统，设置 TCP 连接数为 1，即目标 IP 地址 192.168.1.2，目标端口 4001；USR - TCP232 - T24 为客户端（TCP CLIENT），IP 地址设置为 192.168.1.2，工作端口 4001，连接目标 IP 地址 192.168.1.2，目标端口 4001，两者的设备网关皆设置为 192.168.1.1，设置如图 5 - 11 所示，此时即可实现两者的通信。

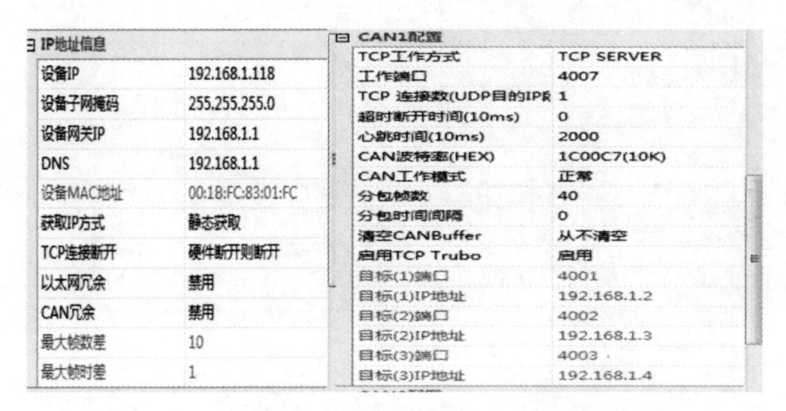

图 5 - 10 CAN 转 RJ45 设置

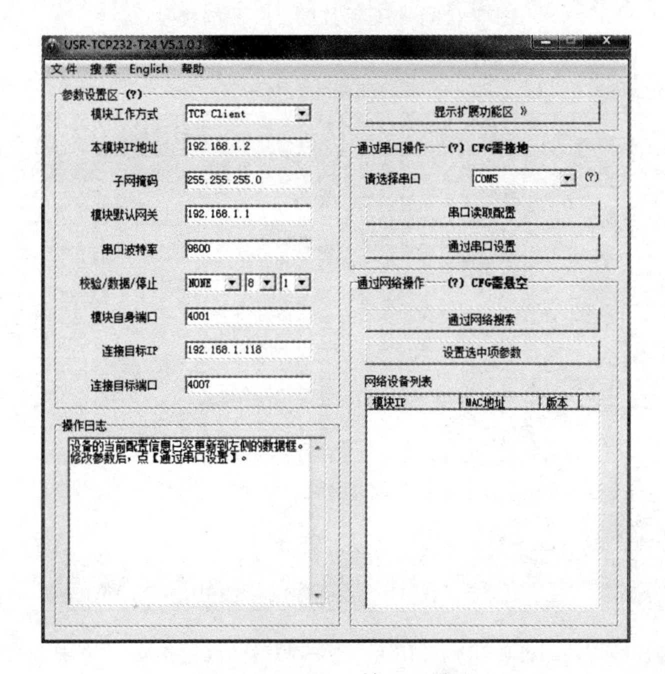

图 5 - 11 RJ45 转 232 设置

为验证上述通信模块的可行性，进行了一次光谱数据的接收，利用串口调试助手软件，分别经过 LIF 系统的 232 界面直接与计算机进行通信，以及设计的通信网络进行通信，分别得到数据量为 4113 和 6695 字节，如图 5 - 12 与图 5 - 13 所示，验证了设计通信网络的可行性，在后续的上位机设计中，只要根据 CAN 数据格式即可将原始数据 4113 个提取出来。

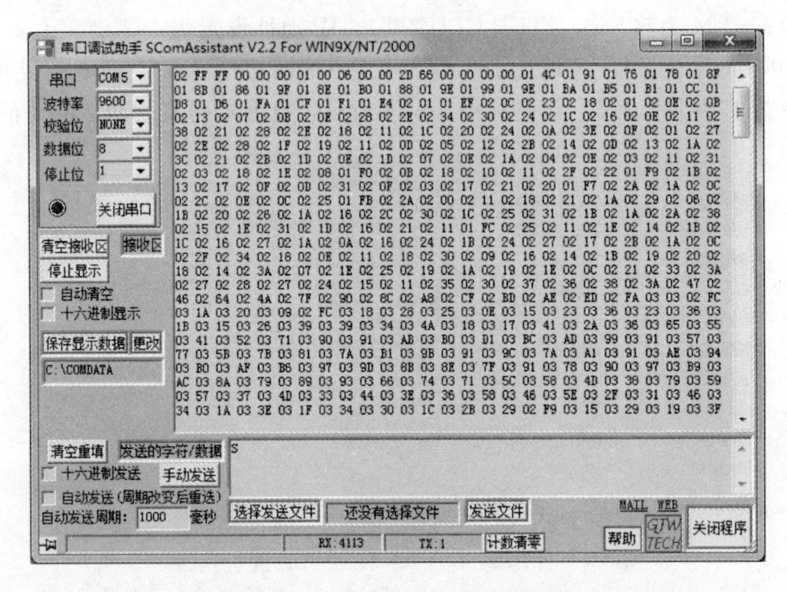

图 5 - 12　LIF 系统的 232 数据接收

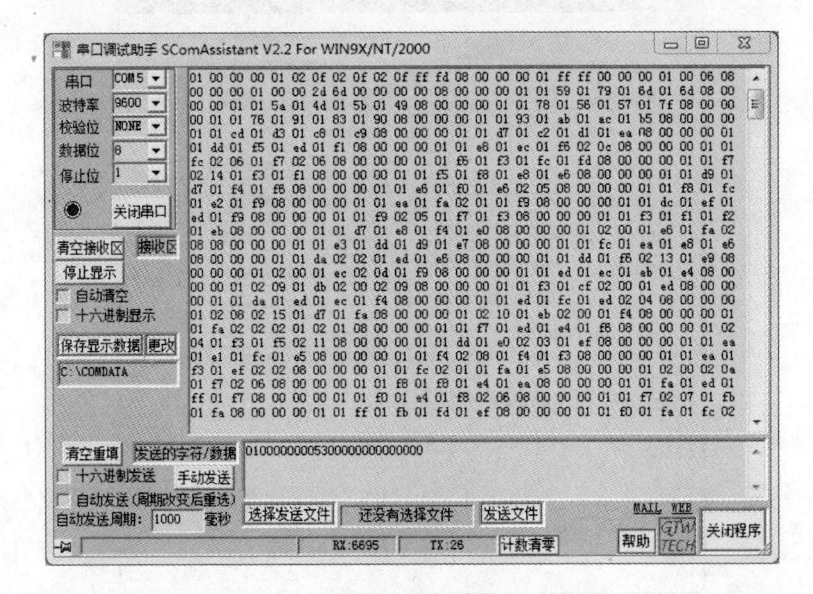

图 5 - 13　LIF 系统的模拟通信网络接收

5.3 光路系统设计

LIF 系统的光路部分主要包括激光器、光纤、微型荧光探头和光谱仪。本次设计的 LIF 系统采用北京华源拓达激光技术有限公司生产的 405nm 激光器，激光功率 100～130MW 连续可调，＋12V 直流供电，由自行设计的 12V 本安电源供电。光谱仪采用的是美国海洋公司生产的 USB2000＋荧光光谱仪，通信模式为 232 通信，在接收命令“S”时，进行一次扫描，并传输 4113 个数据，这些数据即全波段的光谱信号。连接光纤使用芯径为 600 μm 的 UV－VIS 光纤。

5.3.1 激光器

根据市场常见激光器的型号，兼顾后期批量化生产等因素，选取发射波长 405nm，激光功率 90～120MW 连续可调的蓝紫光半导体激光器，其结构如图 5－14 所示。激光器供电电压为 12V，考虑到后续井下应用，采用本安供电，激光功率控制采用 0～4.096V 电压进行对应调控。散热方式为 TEC 制冷，壳体散热，为了加大散热面积，后期应用时，可在激光器下端加装长条散热铝板。连接方式为常见的 SMA905 光纤界面。

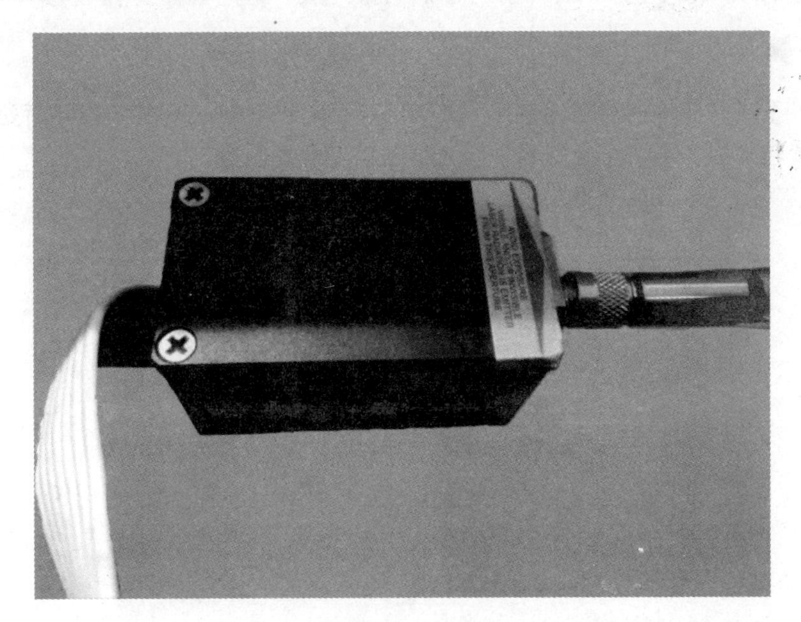

图 5－14　405nm 激光器

5.3.2　光纤及荧光探头

激发光及矿井各含水层水源的荧光光谱范围主要位于400～800nm波段，不同材料的光纤在此光谱范围内的衰减情况不同，因此需要根据衰减情况选择合适材料的传导光纤。本次研究所用光纤为UV/VIS石英光纤，数值孔径为0.22N·A，为了提高耦合效率采用光纤芯径600μm，其在紫外和可见（UV/VIS）光谱范围内具有良好的导光率，如图5－15所示。

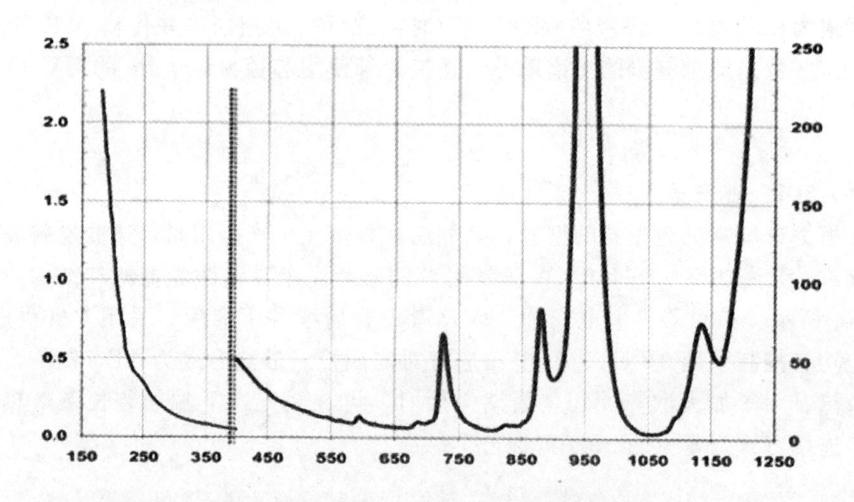

图5－15　UV/VIS光纤各波段衰减曲线

各个光路器件的连接均使用SMA905界面，如图5－16所示，界面处使用螺丝旋转加固，可防止光路部件与光纤连接处意外脱落。

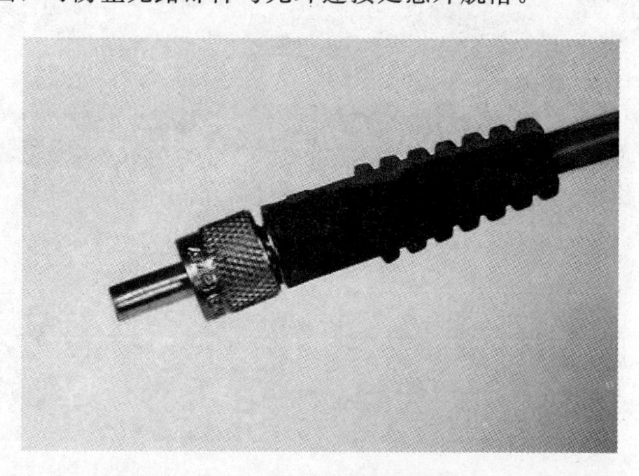

图5－16　SMA905界面

微型荧光探头为反射式探头，如图5－17所示，由发射与接收两部分构成，发射部分与 405nm 激光器相连接，接收部分与 USB2000＋荧光光谱仪相连接。其内部结构如图 5－18 所示，激光经 Laser In 通道进入探头，经透镜（Lens）、带通滤镜（Bandpass Filter）以及双色向滤光镜（Dichroic Filter）进入被测水体，被测水体受激辐射产生的荧光进入微型荧光探头后，由双色向滤光镜反射进入接收通道，经平面镜（Mirror）和长通滤镜（Long－Pass Filter）进入接收光纤。

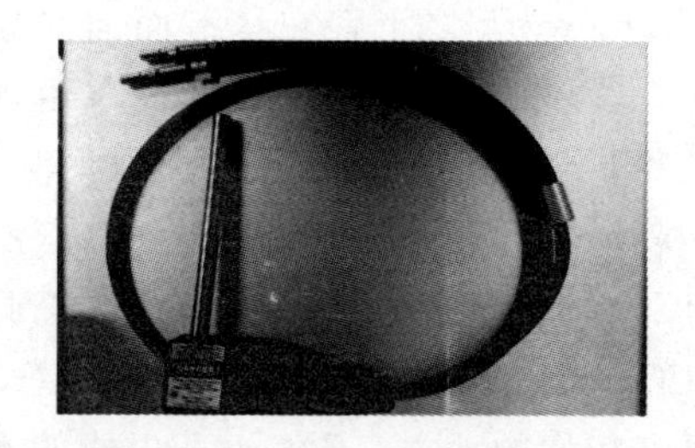

图 5－17 微型荧光探头

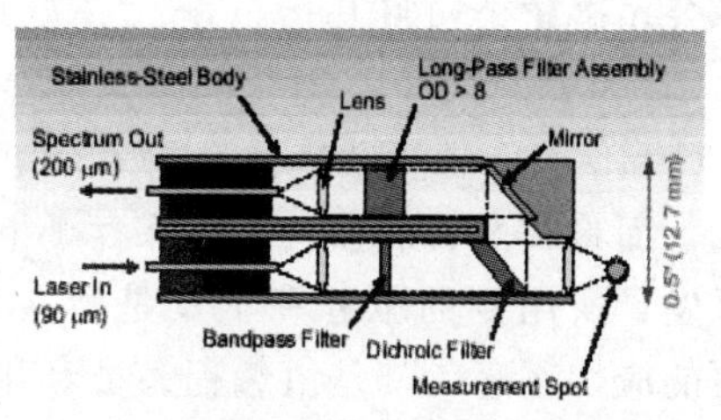

图 5－18 微型荧光探头内部结构图

5.3.3 光谱仪

光谱仪采用 Ocean Optics 公司生产的 USB2000＋光谱仪，如图 5－19 所示。其采用的成像系统为 Czerty－Turner 系统，如图 5－20 所示，这种系统具有结构紧凑、易于加工等特点。光谱仪采用 SMA905 界面，5V 直流供电，鉴于后续下井实验，使用本安电源进行供电，通信方式为 232，具体通信方式为在接收命令“S”时，进行一次扫描，并传输 4113 个数据，这些数据即全波段的光谱信号。

图 5－19 USB2000＋光谱仪

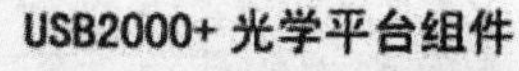

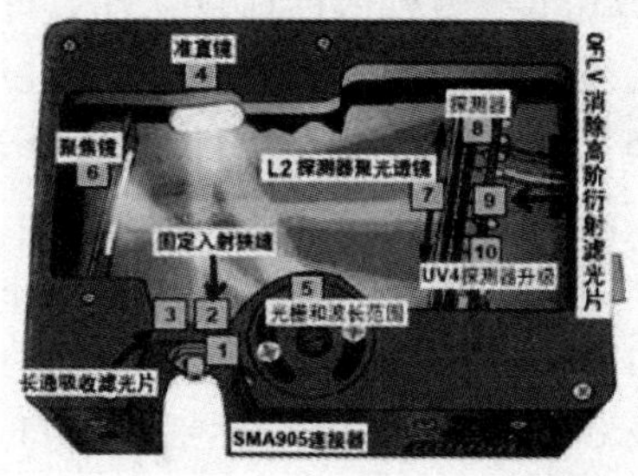

图 5－20 光谱仪内部结构

5.4 上位机设计

硬件部分设计完成后，接下来的工作即进行荧光光谱数据的接收、存储以及完成水源识别等工作。本次上位机设计开发使用C＃语言进行程序编写，利用 Matlab 进行模型搭建，SQL Server 进行荧光光谱数据存储，利用荧光光谱仪自带的 232 串口通信方式实现计算机与光谱仪的通信。

5.4.1　C＃语言介绍

C＃（C sharp）发布时间为 2000 年 6 月，作为一种高级程序设计语言，其开发公司微软公司将其运行于 .NET Framework 之上，它具有面向对象的优势。C＃由 C 和 C＋＋衍化而来，涵盖了 C＋＋的高效和 VB 的简单可视化特点。C 和 C＋＋的复杂特性：①不能够多重继承；②没有宏，C＃摒弃了这些缺点，而将其两者的强大功能保存了下来。在通信与计算方面得到最广泛的利用开发，所用到的服务和工具是由 MICROSOFT. NET 提供，而基于此平台编写的应用程序，都是由编程人员利用 C＃快速编写的。C＃继承了 C/C＋＋所具有的强大功能，所以它们之间有很多相像的地方，C/C＋＋生成的本机原生函数可以被 C＃使用，所以能够较快掌握 C＃的均是擅长 C/C＋＋这类语言的人员，这类程序员开发程序也更高效和快速。在 Visual Studio 的开发环境下，利用事件驱动的编程机制以及简单易懂的可视化设计工具，可以高效快速地开发图形界面丰富的上位机监控软件。

对传感器的控制和水源识别光谱分析软件的编写，需要功能强大的编写语言。这是由于光谱数据信息量巨大，要能较快地处理如此大量的信息，对应用软件要求相对较高，同时用户界面要求具有较强的可操作性。将两者结合起来进行考虑，C＃语言为最佳解决方案。

5.4.2　C＃调用 Matlab 介绍

Matlab 有着强大的计算功能，许多数值计算和算法都有现成函数进行调用，无须另外编程，但是界面可视化方面不如 Visual C＃，更不用说对数据库访问操作。因此选用 Matlab 进行数学模型建立的工作，在模型建立完成后，利用 Visual C＃对模型进行调用。

利用 C＃调用 Matlab 主要由以下两个步骤：

（1）通过如下得到 C＃中引用的 COM 组件：在 Matlab 中建一个 m 档，将命令 deploytool 输入，然后将窗口 Matlab Build For. net 打开，并新建一个工程。找到工程中的“Add files”，将 m 档添加进去，COM 组件通过 build 生成，得到 dll 档。

（2）下面即可在 C＃中调用 dll 档，在 Visual Studio 环境中添加引用第一步生产的 dll 档和 MWArray. dll 档，此时即可完成 C＃编写的上位机对 Matlab 模型的调用。值得说明的是此类调用具有良好的移植性，无须被移植的计算机安装 Matlab 程序，只需安装 MCRInstaller. exe 即可。

5.4.3 上位机系统开发

软件采用 C/S 模式，将下位机采集到的荧光光谱数据，经过处理存放到数据库中，识别功能调用 Matlab 进行。如图 5-21 所示，该软件可以实时辨识突水水源，分析突水水样，进而确保矿井安全。主要功能：①提取各个煤矿的原始水样，并保存在数据库里面；②实时显示当前水源类型（暂以数字代替）；③原始水样和当前水样比较，直观显示各个水样的异同；④提供数据查询功能，便于以后的数据分析。为了更加全面地显示井下水源信息，预留了 pH 值和电导率的显示界面，以待后续加入。

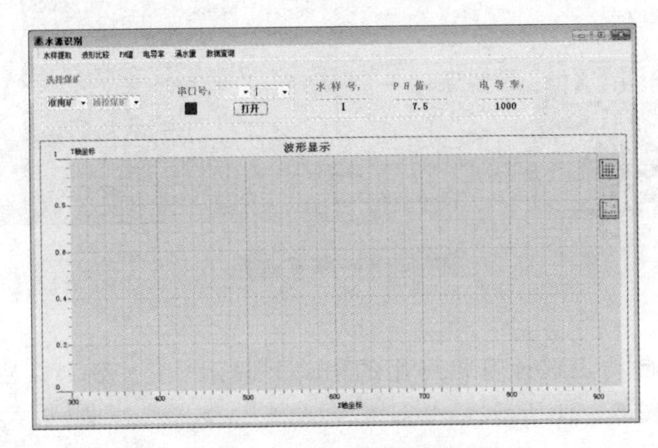

图 5-21 水源识别软件

5.4.4 上位机系统使用

1）初始化设置

系统打开后，出现矿井突水重大灾害实时监测软件主界面，如图 5-22 所示，默认水样提取菜单是活动（可操作）的。

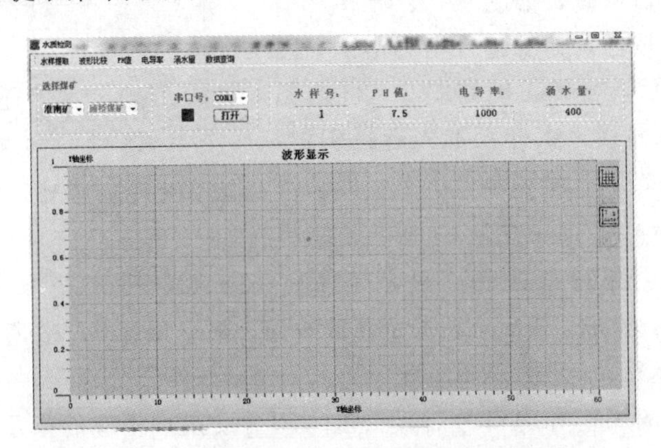

图 5-22 矿井突水重大灾害实时监测软件主界面

选择煤矿：

该煤矿选择如图 5 - 23 所示，包括二级选择菜单：第一级为矿种，包括淮南、淮北、皖北和其他矿。第二级包含了上述矿种内各大煤矿。

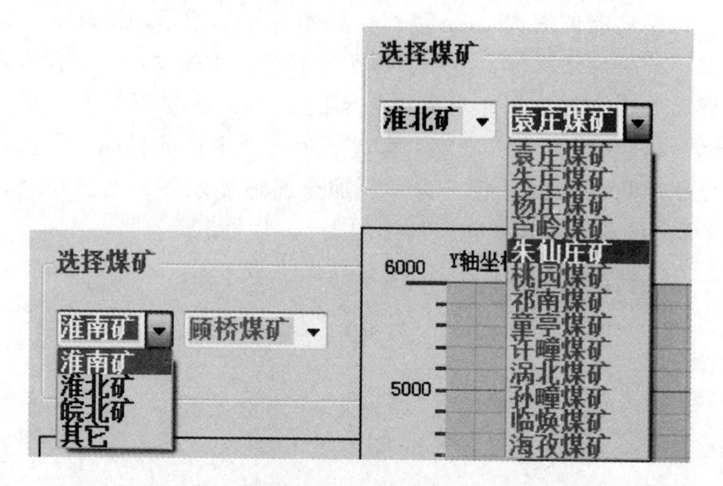

图 5 - 23　煤矿选择

串口选择：

该软件可自动识别计算机可用的串口并显示在选择区，如图 5 - 24 所示。

图 5 - 24　串口选择

点击 打开 按钮，相应的指示灯变成绿色 ■，串口被打开。

2）原始水样提取

在没有点击 打开 按钮前或关闭串口后，指示灯显示 ■ 时，点击 水样提取 菜单，提示输入管理员密码，如图 5 - 25 所示。

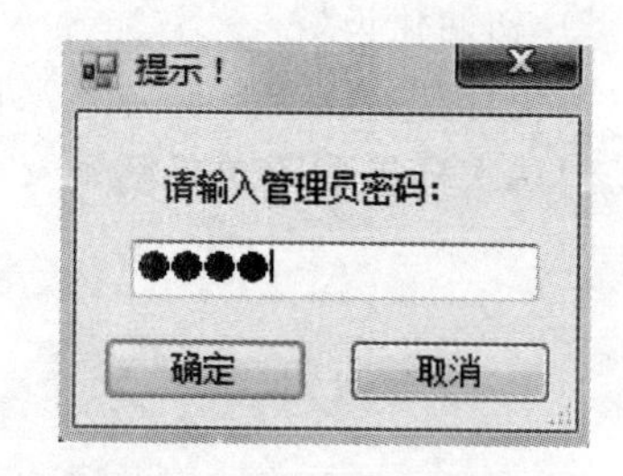

图 5 - 25　管理员密码提示

点击确定按钮，如果输入密码错误如图 5 - 26 左图所示，密码正确如图 5 - 26 右图所示水样获取界面，水样获取先选择矿种，即选择把原始数据存储到哪个矿上，分别依次点击 获取 按钮，提示删除当前水样如图 5 - 27所示，点击确定按钮，显示 获取　水样 1 获取中……，获取完成后显示 获取　水样 1 获取成功!，依次点击 5 个获取按钮，最后如图 5 - 28 所示。

3）软件运行

选择好相应煤矿和串口号后，点击 打开 按钮，相应的指示灯变成绿色 ■，菜单栏的水样提取 水样提取 按钮变成灰色（不可操作状态），过 7s 左右时间，矿井突水的频谱、pH值、电导率、涌水量显示在主界面上，如图5-29所示。

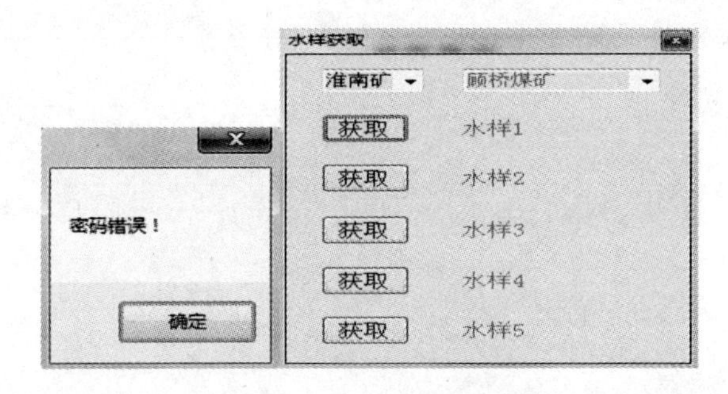

图5-26 水样提取界面

图5-27 删除当前数据提示

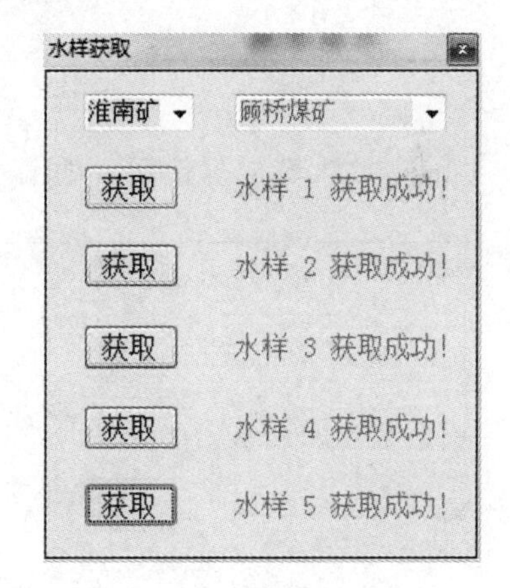

图5-28 获取成功提示

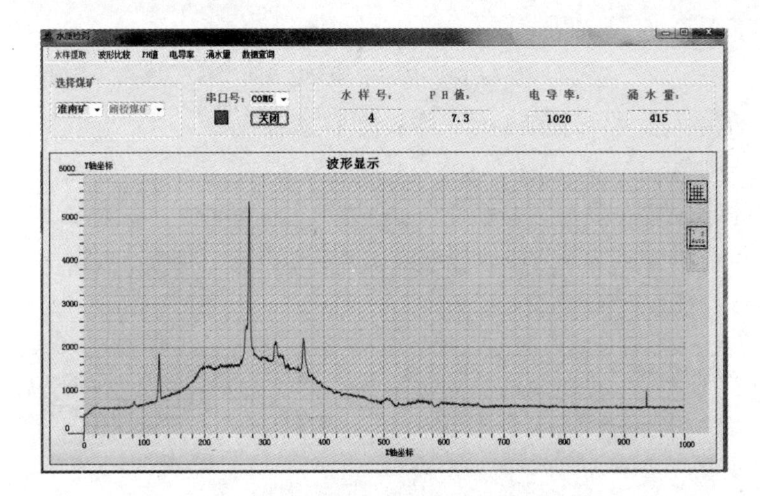

图5-29 软件运行主界面

波形显示：

点击▦网格显示按钮可去掉网格，如图 5－30 所示。

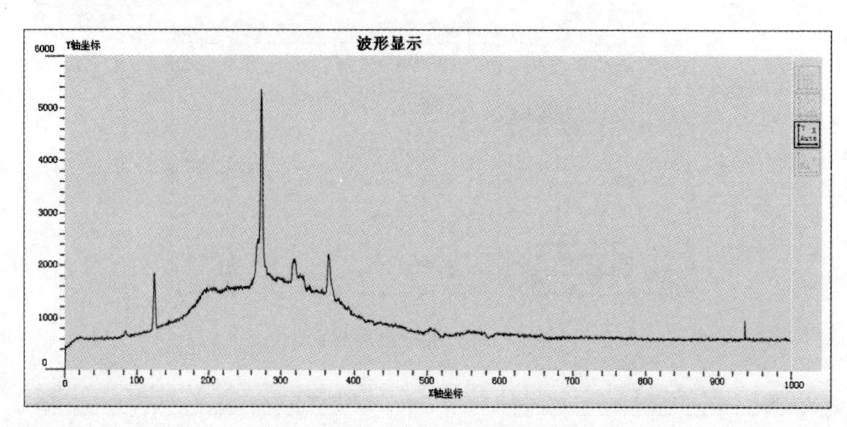

图 5－30　波形显示（无网格）

点击▣放大选取框按钮，如图 5－31 所示。

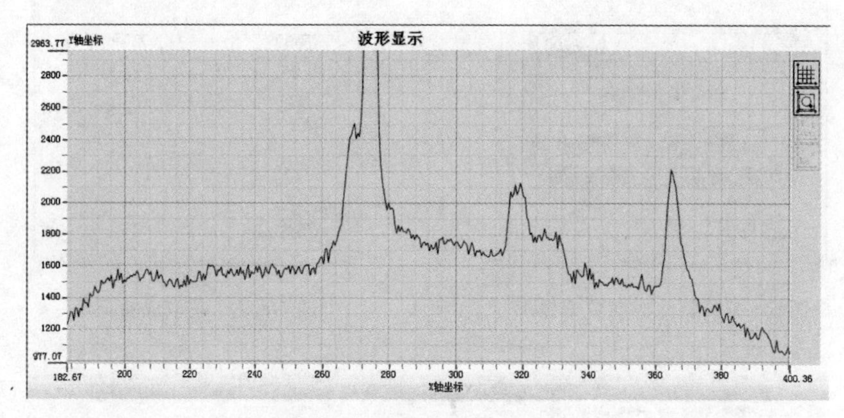

图 5－31　波形显示（放大）

点击▣按钮，坐标自动调整，回到图 5－30 所示。

水样号等信息显示：

数据传输正确的情况下，软件显示的水样号、pH 值、电导率、涌水量信息如图 5－32 所示；数据传输错误的情况下，如图 5－33 所示，图中错误部分出现方框。

水样号：	pH 值：	电导率：	涌水量：
5	7.3	1020	415

图 5－32　传输正确数据显示

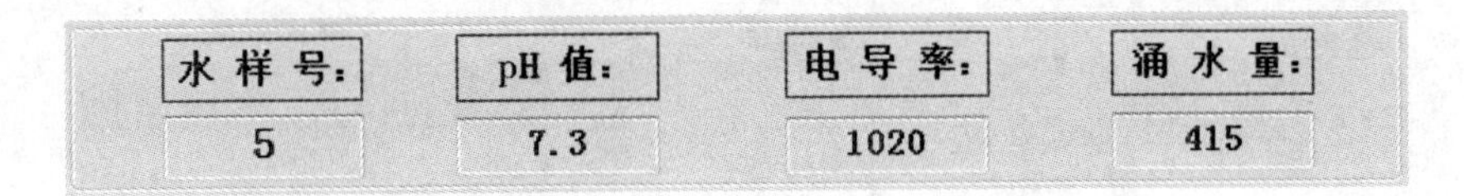

图 5-33 传输错误数据显示

波形比较：

点击菜单栏中的波形比较按键，出现下拉菜单如图 5-34 所示。波形比较前务必点击暂停键，比较完成后点击开始键。该软件提供 1～5 号水样分别与当前水样的频谱波形相比较如图 5-35 所示，同时提供全部水样与当前水样的频谱相比较如图 5-36 所示。

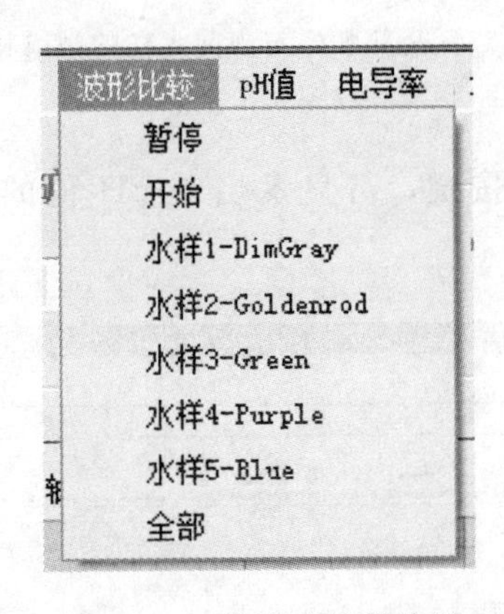

图 5-34 波形比较菜单项

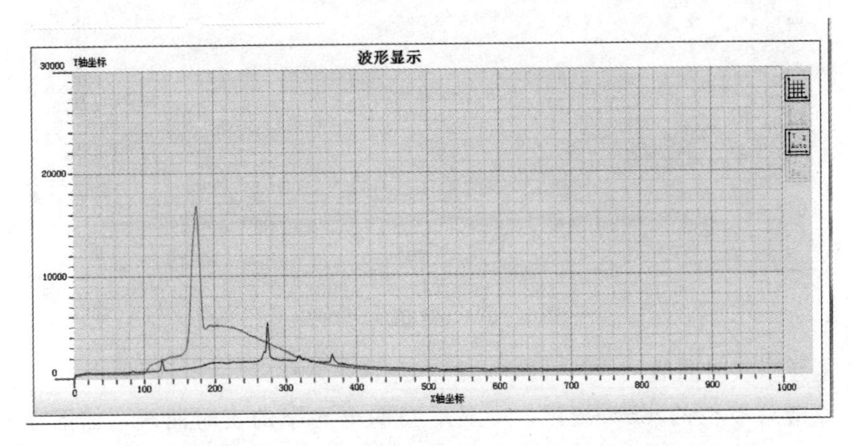

图 5-35 3 号水样与当前水样的频谱波形相比较

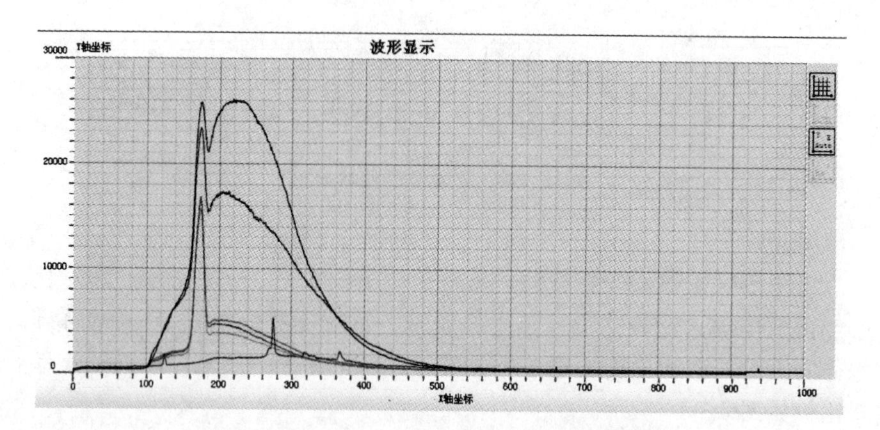

图 5 - 36　全部水样与当前水样的频谱相比较

pH 值实时曲线：

点击菜单栏的 pH值 按键，可显示当前 pH 值的实时曲线，如图 5 - 37 所示。

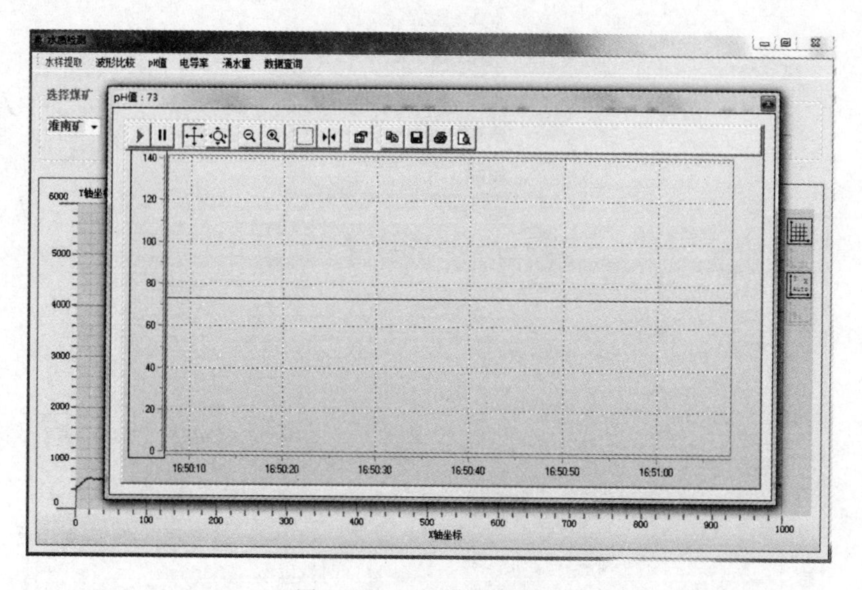

图 5 - 37　pH 值实时曲线

电导率实时曲线：

点击菜单栏的 电导率 按键，可显示当前电导率的实时曲线，如图 5 - 38 所示。

涌水量实时曲线：

点击菜单栏的 涌水量 按键，可显示当前涌水量的实时曲线，如图 5 - 39 所示。

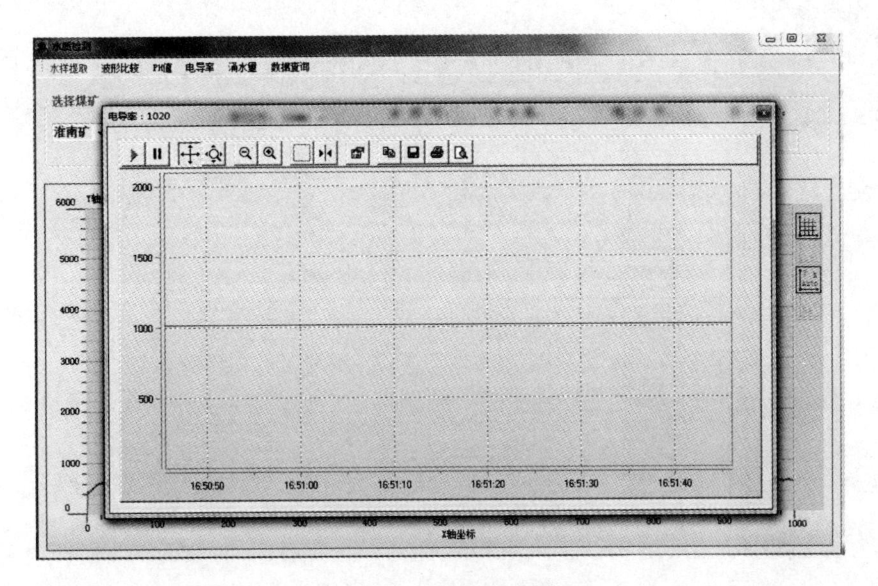

图 5 - 38 电导率实时曲线

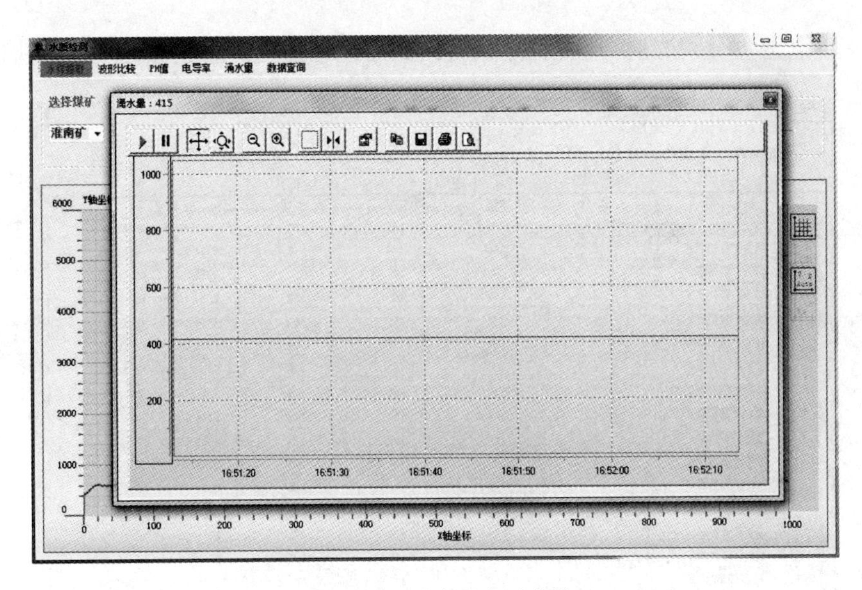

图 5 - 39 涌水量实时曲线

4）数据查询打印

点击菜单栏的 数据查询 按键，可对存储在数据库中的数据进行查询，默认是查询最近三天的数据如图 5 - 40 所示。

查询：

该软件提供起始时间如 2014-10-09 10:17 和终止时间如 2014-11-06 10:17 的设

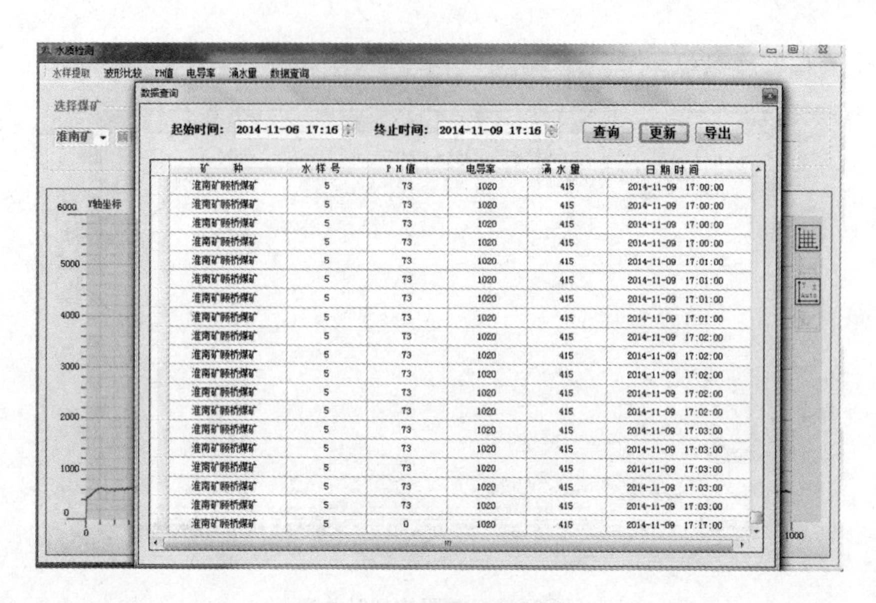

矿　种	水样号	PH值	电导率	涌水量	日期时间
淮南矿颐桥煤矿	5	73	1020	415	2014-11-09 17:00:00
淮南矿颐桥煤矿	5	73	1020	415	2014-11-09 17:00:00
淮南矿颐桥煤矿	5	73	1020	415	2014-11-09 17:00:00
淮南矿颐桥煤矿	5	73	1020	415	2014-11-09 17:00:00
淮南矿颐桥煤矿	5	73	1020	415	2014-11-09 17:01:00
淮南矿颐桥煤矿	5	73	1020	415	2014-11-09 17:01:00
淮南矿颐桥煤矿	5	73	1020	415	2014-11-09 17:01:00
淮南矿颐桥煤矿	5	73	1020	415	2014-11-09 17:01:00
淮南矿颐桥煤矿	5	73	1020	415	2014-11-09 17:02:00
淮南矿颐桥煤矿	5	73	1020	415	2014-11-09 17:02:00
淮南矿颐桥煤矿	5	73	1020	415	2014-11-09 17:02:00
淮南矿颐桥煤矿	5	73	1020	415	2014-11-09 17:02:00
淮南矿颐桥煤矿	5	73	1020	415	2014-11-09 17:02:00
淮南矿颐桥煤矿	5	73	1020	415	2014-11-09 17:03:00
淮南矿颐桥煤矿	5	73	1020	415	2014-11-09 17:03:00
淮南矿颐桥煤矿	5	73	1020	415	2014-11-09 17:03:00
淮南矿颐桥煤矿	5	73	1020	415	2014-11-09 17:03:00
淮南矿颐桥煤矿	5	73	1020	415	2014-11-09 17:03:00
淮南矿颐桥煤矿	5	0	1020	415	2014-11-09 17:17:00

图 5-40　数据查询（默认）

置，再点击 查询 按钮，可查询起始时间到终止时间内的数据如图 5-41 所示。

数据查询

起始时间: 2014-10-09 10:17　　终止时间: 2014-11-06 10:17　　查询　更新　导出

矿　种	水样号	PH值	电导率	涌水量	日期时间
淮南矿颐桥煤矿	4	148	147	146	2014-10-14 16:41:00
淮南矿颐桥煤矿	4	150	149	148	2014-10-14 16:41:00
淮南矿颐桥煤矿	4	152	151	150	2014-10-14 16:41:00
淮南矿颐桥煤矿	4	154	153	152	2014-10-14 16:41:00
淮南矿颐桥煤矿	4	156	155	154	2014-10-14 16:41:00
淮南矿颐桥煤矿	4	158	157	156	2014-10-14 16:42:00
淮南矿颐桥煤矿	4	160	159	158	2014-10-14 16:42:00
淮南矿颐桥煤矿	4	162	161	160	2014-10-14 16:42:00
淮南矿颐桥煤矿	4	164	163	162	2014-10-14 16:42:00
淮南矿颐桥煤矿	4	166	165	164	2014-10-14 16:42:00
淮南矿颐桥煤矿	4	168	167	166	2014-10-14 16:43:00
淮南矿颐桥煤矿	4	170	169	168	2014-10-14 16:43:00
淮南矿颐桥煤矿	4	172	171	170	2014-10-14 16:43:00
淮南矿颐桥煤矿	4	174	173	172	2014-10-14 16:43:00
淮南矿颐桥煤矿	4	176	175	174	2014-10-14 16:44:00
淮南矿颐桥煤矿	4	178	177	176	2014-10-14 16:44:00
淮南矿颐桥煤矿	4	180	179	178	2014-10-14 16:44:00
淮南矿颐桥煤矿	4	182	181	180	2014-10-14 16:44:00
淮南矿颐桥煤矿	4	184	183	182	2014-10-14 16:44:00

图 5-41　数据查询（查询）

更新：

点击 更新 按键，显示数据库所有的数据，如图 5－42 所示。

数据查询

起始时间： 2014-10-16 10:17 终止时间： 2014-11-11 10:17 查询 更新 导出

矿 种	水样号	PH值	电导率	涌水量	日期时间
淮南矿顾桥煤矿	4	146	147	146	2014-10-14 16:41:00
淮南矿顾桥煤矿	4	150	149	148	2014-10-14 16:41:00
淮南矿顾桥煤矿	4	152	151	150	2014-10-14 16:41:00
淮南矿顾桥煤矿	4	154	153	152	2014-10-14 16:41:00
淮南矿顾桥煤矿	4	156	155	154	2014-10-14 16:41:00
淮南矿顾桥煤矿	4	158	157	156	2014-10-14 16:42:00
淮南矿顾桥煤矿	4	160	159	158	2014-10-14 16:42:00
淮南矿顾桥煤矿	4	162	161	160	2014-10-14 16:42:00
淮南矿顾桥煤矿	4	164	163	162	2014-10-14 16:42:00
淮南矿顾桥煤矿	4	166	165	164	2014-10-14 16:42:00
淮南矿顾桥煤矿	4	168	167	166	2014-10-14 16:43:00
淮南矿顾桥煤矿	4	170	169	168	2014-10-14 16:43:00
淮南矿顾桥煤矿	4	172	171	170	2014-10-14 16:43:00
淮南矿顾桥煤矿	4	174	173	172	2014-10-14 16:43:00
淮南矿顾桥煤矿	4	176	175	174	2014-10-14 16:44:00
淮南矿顾桥煤矿	4	178	177	176	2014-10-14 16:44:00
淮南矿顾桥煤矿	4	180	179	178	2014-10-14 16:44:00
淮南矿顾桥煤矿	4	182	181	180	2014-10-14 16:44:00
淮南矿顾桥煤矿	4	184	183	182	2014-10-14 16:44:00

图 5－42 数据查询（更新）

导出：

点击 导出 按键，该软件会把数据表中的数据导出到 excel 档中（系统需要安装 office 2007 软件），以便数据打印、分析，如图 5－43 所示。

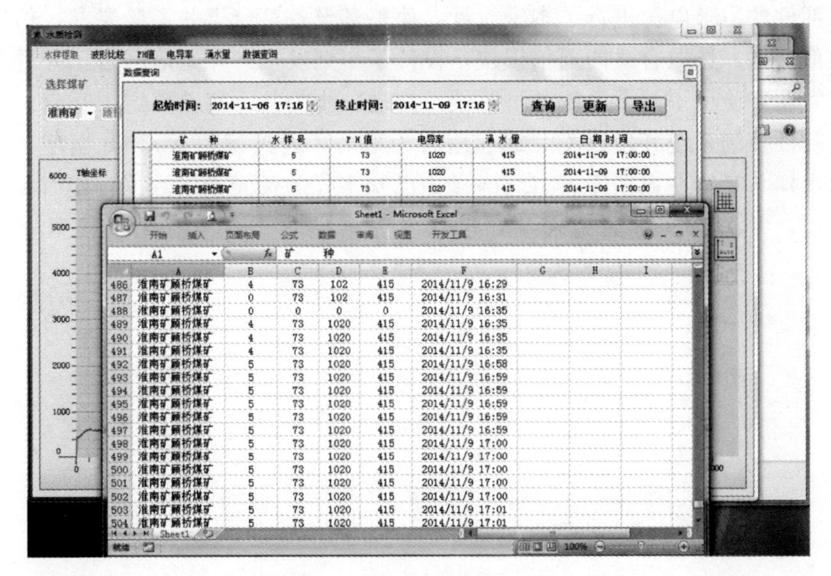

图 5－43 数据导出 excel

5）软件退出

点击软件的[×]按钮，提示关闭窗口如图 5-44 所示，点击取消则回到该软件界面，点击确定则关闭该软件所有窗体并退出软件。

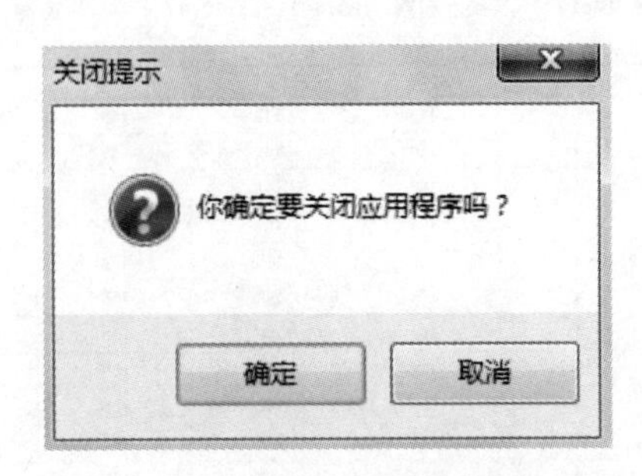

图 5-44　软件关闭提示

5.5　本章小结

本章结合煤矿含水层水源荧光光谱特性，深入研究了采集系统的硬件构成，并开发了上位机软件系统。

以实际参数研究需求，对光路部分的硬件组成，尤其是光纤、激光器和光谱接收装置的参数和型号进行了确定，选择 405nm 蓝紫光半导体激光器作为激光源，荧光接收及传导设备选择了 600μm UV-VIS 光纤和反射式探头，USB2000＋荧光光谱仪作为光电转换装置。电路部分，根据井下防爆要求，对光路部件的需求电源进行了本安设计，使整套设备符合下井实验要求，仿照矿井通信网络，选取合适的通信模块，设计了小型模拟矿井通信网络，并进行了通信实验，验证了整个系统的可行性，为进一步的井下实验奠定了基础。

软件控制系统开发以 C＃编程语言为平台，通过调用 Matlab 模型，对比未知水样与存储在数据库 SQL Sever 中已知水样的荧光光谱数据，实时判别水源类型，并结合实际研究需要，设计了光谱显示、光谱对比及数据查询等功能。

6 水源快速识别建模

6.1 淮南矿区概况

6.1.1 区域地层及构造

淮南矿区位于华北地层大区黄淮地层区徐淮地层分区，它整体上除没有古生界上奥陶统至下石炭统和中生界中、上三叠统地层、新元古界南华系至震旦系，剩余地层皆发育基本健全，尽管在某一地层厚度以及岩性有些许不同，可是不妨碍它们之间的比较。

淮南矿区煤田构造形式为近东西向的对冲构造盆地，东以郯庐断裂为界，北达蚌埠隆起和刘府断裂，西为阜阳断层，南到合肥坳陷和寿县老人仓断层。煤田整体结构样貌体现出平面弯曲，北西西向分布的大型复式向斜，西方有褶皱轴部凸起。两侧区域由于反向冲力结构作用，因此存在中元古界凤阳群、低山体出露新太古界五河杂岩、古生界寒武系-奥陶系地层。复式向斜往里，地层较为宽广，主要有太原组（石炭统）、上下石盒子组以及山西组（二叠统）含煤层，存储于新生界松散沉积层下方，煤层区域形态平坦，除南翼推覆断层少许区域可能出现倒转、倾角陡立，正常皆在10°～20°倾角，且构成多为起伏不大的次一级褶曲，南北方向为谢桥-古沟向斜、潘集-陈桥背斜、耿村-尚塘向斜、唐集-朱集背斜等，尤以潘集-陈桥背斜特点显著，为复向斜内的重要部分，隆起度较大。

6.1.2 主要含水层及其含水性

1）奥灰含水层

主要位于唐家山、洞山、大通、九龙岗地表并暴露在外，整体厚度大概为250m。于山王集、土坝孜一些地段少许出露。厚度0～30m黏土、亚黏土布满了整个中部地区，位于二道河区出现于18～136m泥灰岩与第四系含水砂层以下，另有少许区域奥灰地层被含水砂组（孔集井田Ⅳ线）所掩盖。各矿的富水性特征显著不同，断层带$q=10\sim13.73$L/s·m位于九龙岗井口东北方向，正常无构造地带$q=0.01\sim0.26$L/s·m，谢二矿井田－500m以下断层带$q=3.22$L/s·m可见奥灰富水性受构造控制。

2）太灰含水层（组）

于毕家岗到李郢孜 5～30m 区域内，被第四系亚黏土覆盖，整体厚度大概为 114.91m，于土坝孜、山集、赖山王集存在部分出露，位于李咀孜、孔集地域出现在 18～136m 的第四系冲积层以下。灰岩层含于太原组内，按照惯例，依次给予名称 C_3^{1}，C_3^{2}，$C_3^{3上}$，$C_3^{3下}$，C_3^{4}，…，C_3^{12}。

3）新生界松散含水层

新地形隆起较厚，整体从西北往东南依次变薄，且于新老矿区呈现显著差异，具体体现为：老矿区该地层依照水源以及沉淀物构成可分成三层（上、中、下）。第四系表土层（上）：具备较佳的隔水性，通常为 11～25m，砂质黏土、黏土构成其岩性，部分区域由于淮河地质作用出现“天窗”。第四系含水砂层（中）：通常为 6～46.95m，集中体现在新庄孜井田淮河以南，即孔集矿，李咀孜矿以及毕家岗地域。亚砂土、亚黏土、黏土是其砂岩含水层的顶板主要构成，通常为 10～15m。细粉砂以及细砂是其主要粒度。富水性各不相同，主要区域为细砂的，q=0.826L/s·m，粉砂为为主者 q=0.172L/s·m。属承压孔隙含水层，水位比其所在区域顶板多出 7～16m，达到＋17.5～＋20m。此层位于李咀孜、新庄孜线 VI～VII、毕家岗和孔集地域出露于淮河河床，因此淮河水是其主要的补给水源。此层位于孔集矿的钻孔在淮河水位涨到＋23m 位置时可达到 1.2m 的涌水高度。第四系泥灰岩组（下）：通常为 0～80.08m，部分区域会出现包括溶隙以及溶洞在内岩溶状况，钙质黏土以及泥灰岩是其主要构成。水位和基岩导水性联系不大，和砂层水位有直接联系。

4）煤系砂岩裂隙含水层

重要构成物质为中细砂，主要特征是脉状裂隙水，占主要的是静储水量，导水和含水性比较小，裂隙贫瘠，缺乏补给，岩性及厚度起伏不定。由相关的水文地质档案可知，各地域的富水程度呈现显著不同。极易破坏煤矿的生产环境，为矿井涌水的重要补给。虽然总体来说不具威胁，但是也不排除在某些导水及含水性强的区域，可能会威胁到煤矿的安全生产。

6.2　实验材料与方法

6.2.1　实验材料

以淮南市新集一矿为例，进行本次激光诱导荧光技术的水源快速识别建模。通过查阅国家煤矿安全监察局颁布的我国“十一五”时期煤矿突水调查报告与淮南市新集一矿实际水文地质特征，并结合“十二五”时期的煤矿水害实例，选取突水事故中较有代表性的 5 类水样作为实验对象：煤系砂岩裂隙水、第四系冲积层水、奥陶系灰岩岩溶水、煤系灰岩水以及老窑水。2014 年 4 月 15 日，项目组成员安徽理工大学地球与环境学院于淮南新集一矿收集上述 5

类水样，各类水样数目皆为 20 组，共 100 组样本，并避光存储带回实验室。

6.2.2 光谱采集

本研究所用的光谱采集硬设备为自行设计实现的 LIF 系统，光谱数据采集软件为自行设计实现的上位机软件系统。为减小外界背景光的影响，水样的荧光光谱数据采集皆在暗室中进行。激光器采用 405nm 激光，激光功率为 120MW。USB2000＋荧光光谱仪的参数设置皆在上位机的编程里直接实现，不再进行变动，分辨率设定为 0.5nm，积分时间设置为 1s/1000nm，采样间隔 0.5nm，数据接收对应荧光光谱范围 400～800nm 波段，因此接收到的每个水样荧光光谱共有采样数据点 801 个。

研究分析时，针对淮南市新集一矿采集的 5 类水样：煤系砂岩裂隙水、第四系冲积层水、奥陶系灰岩岩溶水、煤系灰岩水以及老窑水，各类水样样本 20 个，合计样本 100 个，进行数据采集。为保证激光仪器输出能量的稳定性，首先预热整个系统 10 分钟，而后进行水样荧光数据采集。为降低实验中由于人为操作等因素造成的随机误差，每个水样样本采样 5 次，取其算术平均值，得到 100 个水样的荧光光谱图，如图 6－1 所示。为了显示出每类水样荧光光谱的不同特征以进行对比，依次进行每类样本的算术平均值运算，获取曲线如图 6－2 所示，其中横坐标为荧光光谱接收波长，单位 nm；纵坐标为荧光计数值，即荧光强度，单位为任意单位（Arbitrary Unit，也称 AU），在此系统中省略不写。

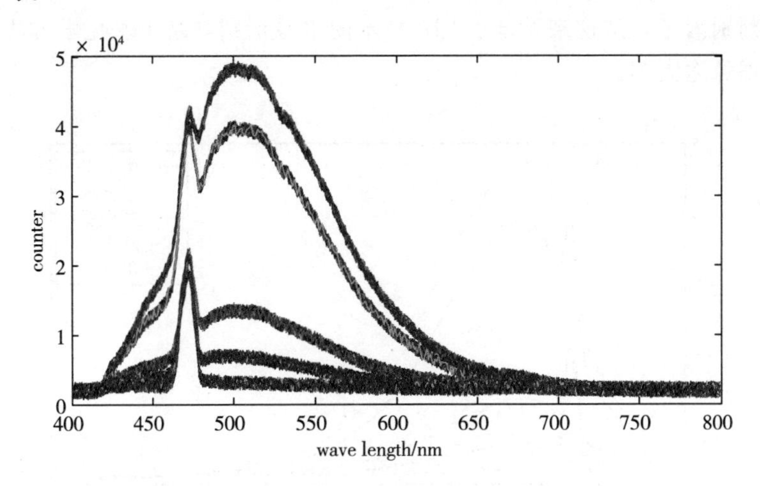

图 6－1 水样荧光光谱图

由图 6－1 以及图 6－2 可看出 5 种水样的荧光光谱图差异明显，呈现出明显的类别趋势。5 种水样的荧光光谱图整体光强最大的水样是老窑水，其后依次为奥陶系灰岩岩溶水、第四系冲积层水、煤系砂岩裂隙水，整体光强最小的水样为煤系灰岩水。由水样荧光光谱算术平均值图 6-2 可以看出，老窑水的第一波峰值为 40981.79，位于 473nm 处；第二波峰值为 47405.49，位于 500nm 处，波谷值为 37461.452，位于 479nm 处。奥陶系灰岩岩溶水的第一波峰值为 38674.639，位于 473nm 处；第二波峰值为 38831.843，位于 501nm 处，波谷值为 30336.298，位于 480nm 处。第四系冲积层水的第一波峰值为 19931.819，位于 473nm 处；第二波峰值为 12611.649，位于 500nm 处，波谷值为 10464.967，位于 481nm 处。煤系砂岩裂隙水的第一波峰值为 20411.517，位于 473nm 处；第二波峰值为 6006.16，位于 499nm 处，波谷值为 5519.972，位于 482nm 处。煤系灰岩水的第一波峰值为 17787.243，位于 473nm 处，第二波峰值为 2086.814，位于 502nm 处，波谷值为 2382.46，位于 483nm 处。其中老窑水的第一波峰值远大于第二波峰值，奥陶系灰岩岩溶水第一波峰值与第二波峰值大致相等，第四系冲积层水、煤系砂岩裂隙水和煤系灰岩水第一波峰值远大于第二波峰值，且煤系灰岩水第二波峰不甚明显。5 种水样皆有 2 个波峰和 1 个波谷，在 473nm 及 499～502nm 处出现第一及第二波峰，在 479～483nm 处出现一个波谷。

从整体荧光光谱图来看，5 种水样的差异主要集中在中间波段，在 420～670nm 波段，其两端 400～420nm 波段及 670～800nm 波段差异较小，趋于一致。从激光诱导荧光的原理可以知道，不同的物质有其特定的荧光波段，图 6-1 及图 6-2 在荧光光谱上的差异即它们在水体成分上和水中荧光物质浓度上差异的体现，而水化学方法进行水源识别主要采用水中差异较大离子的离子浓度作为判别因子，从这来看基于 LIF 技术的水源识别与基于水化学方法的水源识别原理殊途同归。

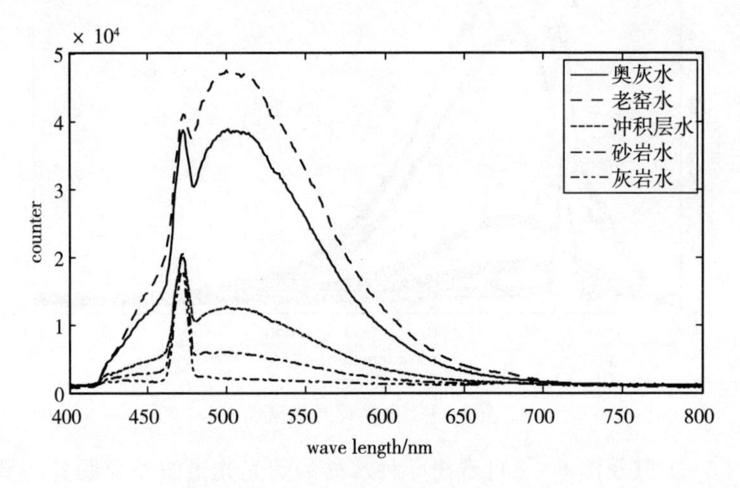

图 6-2　水样荧光光谱算术平均值图

6.3 快速识别系统光谱数据处理

6.3.1 波长范围选择

鉴于基于 LIF 技术获取的荧光光谱图差异明显，且差异较为集中，因此不再进行像其他光谱分析应用中使用的分波段建模，只对光谱进行初步的波长筛选，以最大限度地保留水样的荧光光谱信息。

通过观察图 6－1 以及图 6－2 可以发现 400～420nm，670～800nm 波段光谱整体差异较小，为了减少数据处理量，提升建模效率，因此删除这两段波段，保留 420～670nm 波段光谱，在此基础上进行光谱预处理、建模等后续工作。此时光谱数据量即从原始光谱的 801 个减少至现有光谱的 501 个，如图 6－3 所示。

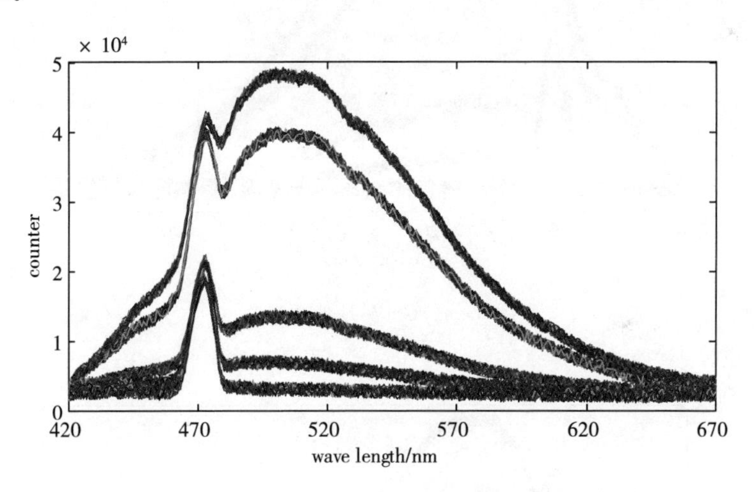

图 6－3 波长选择后水样荧光光谱图

6.3.2 光谱预处理

为降低误差及排除干扰，以发现正确率较高的识别分析方法，并建立最优的水源光谱快速识别模型，需要对波长选择后的水样荧光光谱进行数据预处理。鉴于光谱数据仍然较多，我们对相邻的两数据求算术平均值，并保留。此时，光谱数据即进一步减少，从 501 个数据点降低至 251 个数据点。

在数据合并的基础上进行光谱预处理的算法处理。根据光谱预处理资料，我们选择荧光光谱分析法中常用的光谱预处理算法：COW，Median－Filter，Gaussian－Filter，Moving－Average，SNV 进行光谱预处理，为后续的光谱识别建模提供便捷，如图 6－4 到图 6－8 所示。整体来看除经 SNV 光谱预处理后得到的光谱出现混乱，其他算法的光谱预处理得到的光谱效果良好，表面看基本没有差距，因此分别计算经COW，Median－Filter，Gaussian－Filter，Moving－Average算法进行光谱预处理后得到荧光光谱的SNR、MSE、PSNR值（鉴于SNV预处理后的光谱发生巨大变化，不计算SNV光谱预处理的各项参数，只在光谱识别建模时比较建模正确率），以分析对比各种光谱预处理算法，寻找合适于LIF技术快速辨识突水水源类型的光谱预处理算法，得到表6－1到表6－4。

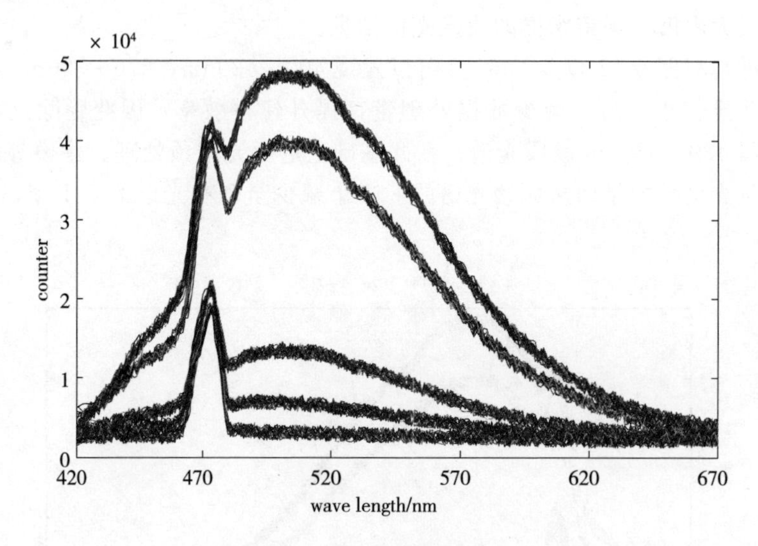

图6－4　COW预处理光谱

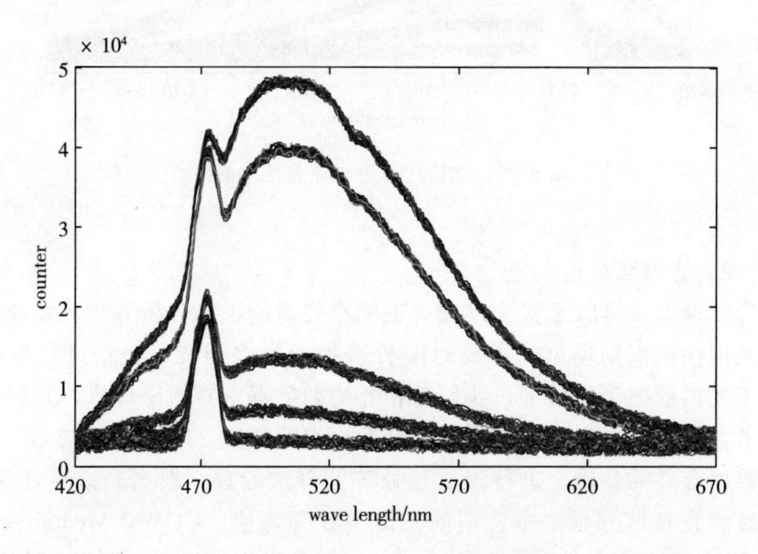

图6－5　Median－Filter预处理光谱

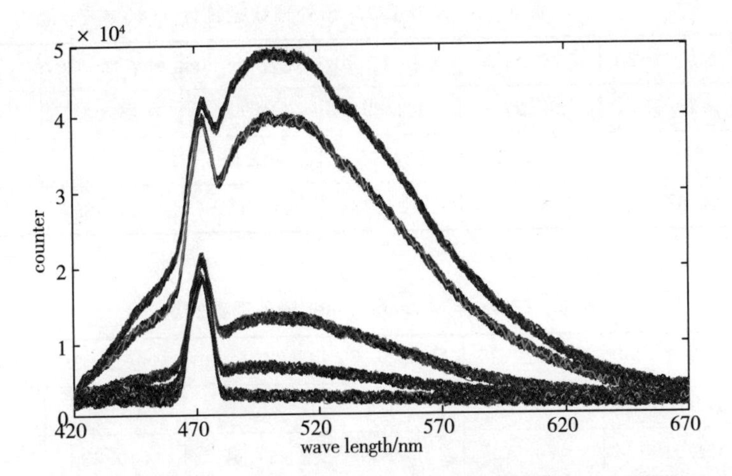

图 6-6 Gaussian-Filter 预处理光谱

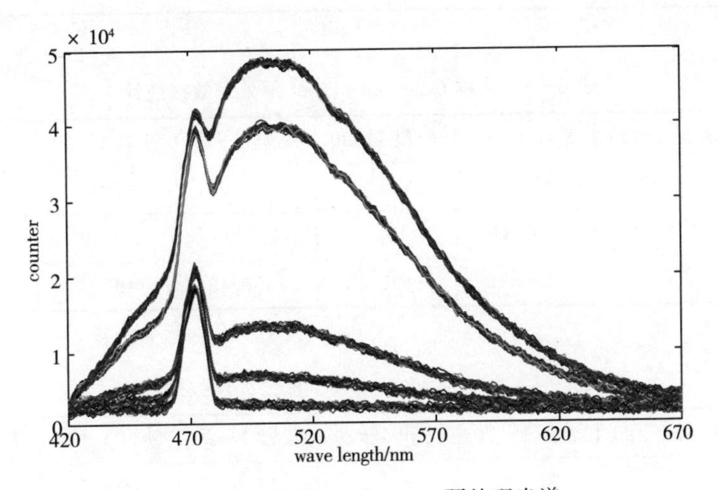

图 6-7 Moving-Average 预处理光谱

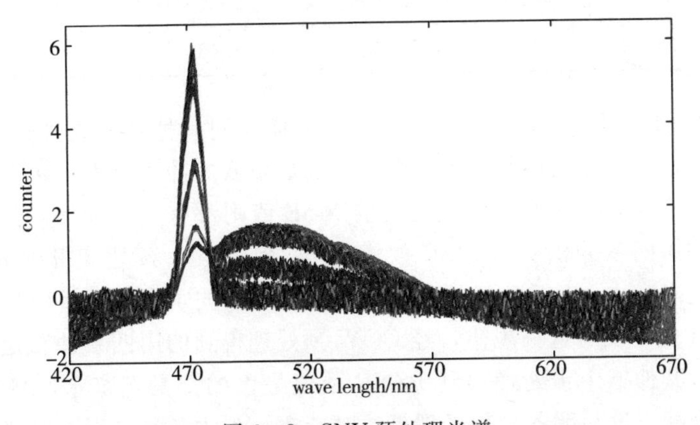

图 6-8 SNV 预处理光谱

表 6－1　水样 COW 预处理数据统计

	奥灰 1—20	老窑 1—20	冲积 1—20	灰岩 1—20	砂岩 1—20	平均值
SNR	30.35	32.27	22.89	18.63	16.02	24.03
MSE	698.50	683.02	624.95	691.05	673.72	674.25
PSNR	1482.75	1482.84	1483.22	1482.79	1482.89	1482.90

表 6－2　水样 Median－Filter 预处理数据统计

	奥灰 1—20	老窑 1—20	冲积 1—20	灰岩 1—20	砂岩 1—20	平均值
SNR	33.75	35.87	24.78	21.47	18.46	26.87
MSE	470.95	450.50	502.69	497.67	510.23	486.41
PSNR	1484.45	1484.65	1484.17	1484.21	1484.11	1484.32

表 6－3　水样 Gaussian－Filter 预处理数据统计

	奥灰 1—20	老窑 1—20	冲积 1—20	灰岩 1—20	砂岩 1—20	平均值
SNR	45.81	47.58	37.29	34.04	31.13	39.17
MSE	117.24	116.84	119.01	116.96	118.40	117.69
PSNR	1490.49	1490.50	1490.42	1490.49	1490.45	1490.47

表 6－4　水样 Moving－Average 预处理数据统计

	奥灰 1—20	老窑 1—20	冲积 1—20	灰岩 1—20	砂岩 1—20	平均值
SNR	33.68	35.46	25.16	21.92	19.00	27.04
MSE	473.87	472.01	480.62	472.42	478.25	475.43
PSNR	1484.42	1484.44	1484.36	1484.43	1484.38	1484.41

由表 6－1 到表 6－4 可以看出，不同水样经同一种算法处理得到的 SNR 值皆是老窑水数值最大，其次为奥灰水，而后依次为冲积层水、灰岩水和砂岩水；不同水样经同一种算法处理得到的 MSE 值则没有这一规律，经 COW 预处理得到的第四系冲积层水 MSE 数值最小，其他三个预处理得到 MSE 数值最小的都是老窑水，且后序水样排序没有规律；不同水样经同一种算法处理得到的 PSNR 值也没有这一规律，经 COW 预处理得到的第四系冲积层水 PSNR 数值最大，其他三个预处理得到 PSNR 数值最大的都是老窑水，且后序水样排序没有规律。这说明各种预处理算法对新集一矿的老窑水荧光光谱预处理较

好，去噪效果最佳，对于其他水样的去噪效果不同。

观察各种水样的不同预处理结果数据平均值发现，经 Gaussian - Filter 预处理后的各项数据均为最佳，平均 *SNR* 值为 39.17，为 4 种预处理得到平均 *SNR* 的最大值，表明此种算法预处理后得到的信号最真实，平均 *SNR* 值最小的是经 *COW* 预处理后得到的 24.03；平均 *MSE* 值最小为 117.69，是经 Gaussian - Filter 预处理后的得到的，表明信号滤波效果在 4 种方法里最理想，平均 *MSE* 值最大为 674.25，是经 COW 预处理后的得到的；平均 *PSNR* 值最大为 1490.47，是经 Gaussian - Filter 预处理后的得到的，表明此种算法的信号滤波效果在 4 种方法里最理想，平均 *PSNR* 值最小为 1482.90，是经 COW 预处理后的得到的。理论上，我们希望信号的滤波效果在 *SNR*、*MSE* 以及 *PSNR* 的表现为，*SNR* 和 *PSNR* 越大越好，*MSE* 越小越好，因此综合所有因素，此次预处理算法的最佳算法为 Gaussian - Filter，而后依次为 Moving - Average 和 Median - Filter，COW 预处理结果最不理想。

6.4 快速识别系统分类建模

在进行完毕含水层水样的荧光光谱预处理工作后，接下来的任务就是整个模型研究的核心部分，快速识别系统的分类建模工作。利用上节所述 5 种不同光谱预处理算法处理后的水样荧光光谱，加上未经光谱预处理的水样原始荧光光谱，共 6 种不同光谱进行后续的分类建模工作，分别使用 SIMCA、PLS - DA、KNN 这 3 类算法对 5 种水样的 6 种不同光谱预处理结果进行分类，最后分析比较各分类模型的识别结果。

6.4.1 SIMCA 建模

1）PCA 分析

实验随机选取 5 种水样的各 15 个样本共 75 组水样作为建模集，分别建立每一类水样的 SIMCA 模型，剩余 5 种水样的各 5 个样本共 25 组水样作为验证集，验证本次所建水样识别模型的准确性。

分别对 5 类进行预处理后的水样荧光光谱和原始水样荧光光谱在 420～670nm 波段内进行主成分分析，鉴于 6 种光谱的第一主成分贡献度皆较大，因此只统计前 7 个主成分的累积贡献度，如图 6 - 9 所示。由图 6 - 9（a）原始光谱的主成分数与累积贡献度关系图可以看出建模集第一主成分的贡献度极大，已达到 99.5655%，第一主成分与第二主成分的累积贡献度已达到 99.6505%，前 3 个主成分的累积贡献度为 99.6916%，主成分数继续增加，累积贡献度的涨幅已不明显；由图 6 - 9（b）COW 的主成分数与累积贡献度关系图可以看出建模集第一主成分的贡献度达到 99.5616%，前 2 个主成分的累积贡献度达到 99.6619%，前 3 个主成分的累积贡献度为 99.7181%，主成分数继续增加，累积贡献度的涨幅不明显；由图 6 - 9（c）Median - Filter 的主成分数与累积贡献度关系图可以看出建模集第一主成分的贡献度达到 99.6930%，前 2 个主成分的累积贡献度达到 99.7737%，前 3 个主成分的累积贡献度为 99.8133%，主成分数继续增加，累积贡献度的涨幅不明显；由图 6 - 9（d）Gaussian - Filter 的主成分数与累积贡献度关系图可以看出建模集第一主成分的贡献度达到 99.6591%，前 2 个主成分的累积贡献度达到 99.7418%，前 3 个主成分的累积贡献度为 99.7813%，主成分数继续增加，累积贡献度的涨幅不明显；由图 6 - 9（e）Moving - Average 的主成分数与累积贡献度关系图可以看出建模集第一主成分的贡献度达到 99.7822%，前 2 个主成分的累积贡献度达到 99.8613%，前 3 个主成分的累积贡献度为 99.8985%，主成分数继续增加，累积贡献度的涨幅不明显；由图 6 - 9（f）SNV 的主成分数与累积贡献度关系图可以看出建模集第一主成分的贡献度达到 89.6138%，前 2 个主成分的累积贡献度达到 91.9878%，前 3 个主成分的累积贡献度为 92.3974%，主成分数继续增加，累积贡献度的涨幅不明显。所有光谱的前 2 个主成分的累积贡献度皆较高，超过 90%，这里累积贡献度最低的是经 SNV 处理后的荧光数据，最高的是经处理后的荧光数据，累积贡献度达到，皆符合 SIMCA 的建模条件，因此所有光谱选择主成分数为 2 进行 SIMCA 建模。

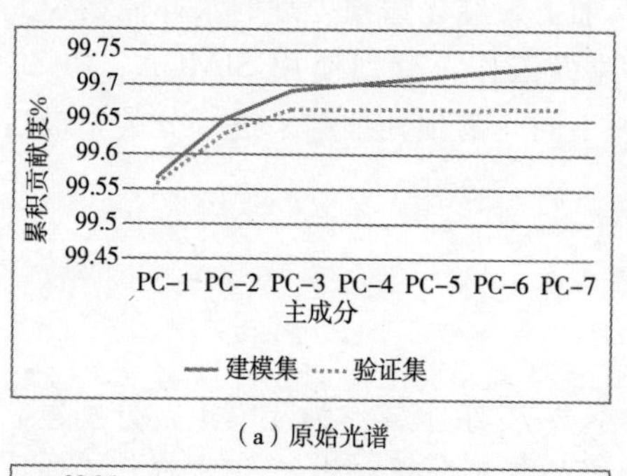

（a）原始光谱

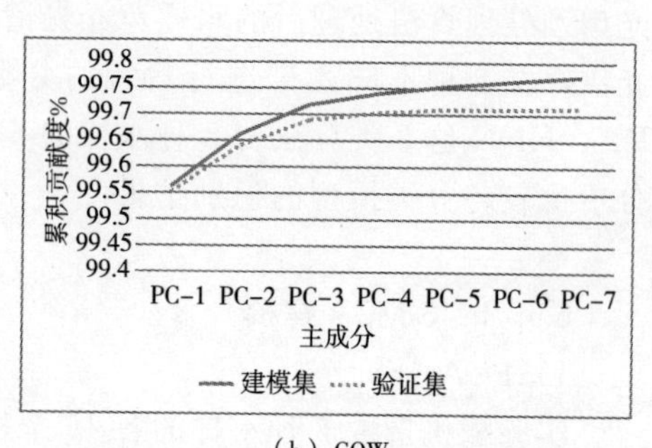

（b）COW

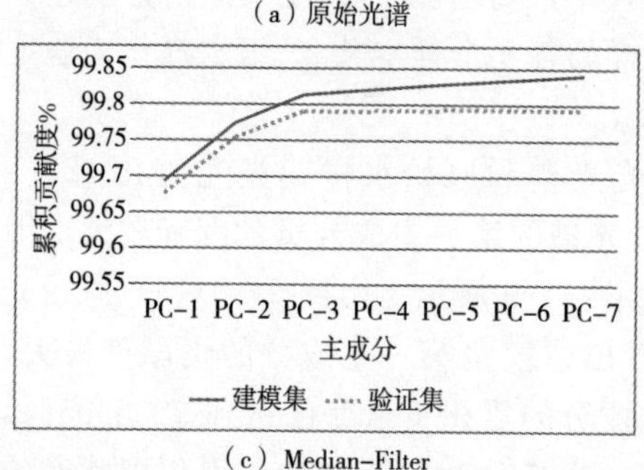

（c）Median-Filter

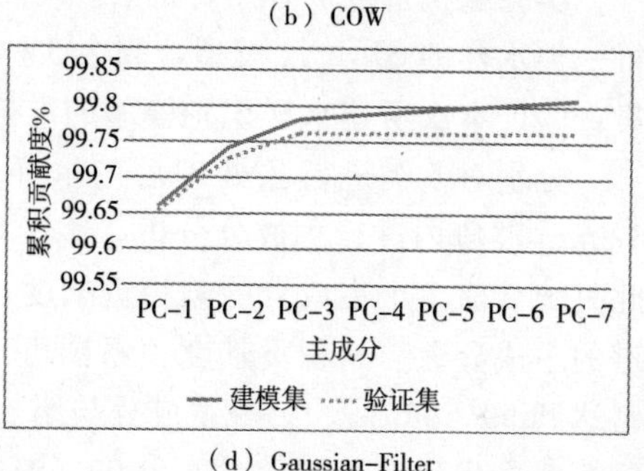

（d）Gaussian-Filter

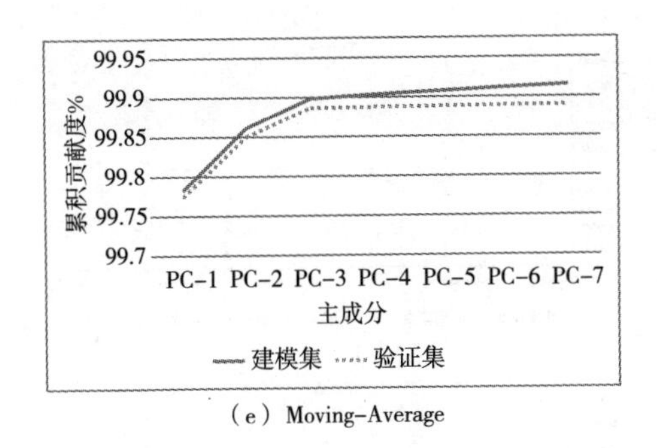

（e）Moving-Average

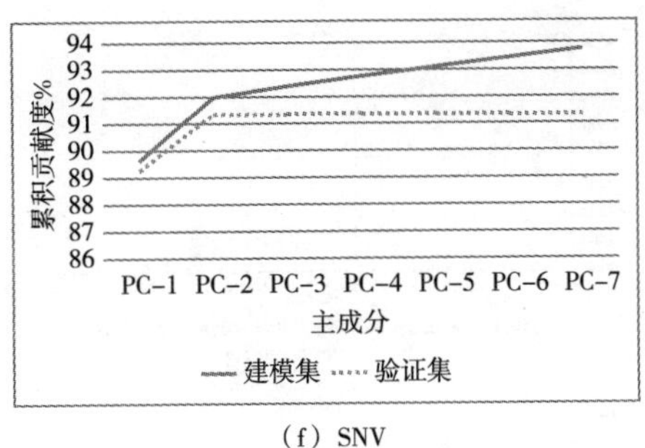

（f）SNV

图 6-9 6 种光谱预处理的主成分数与累积贡献度关系图

图 6-10 为 6 种光谱建模集第一主成分与第二主成分的分布情况。能够发现，5 类水样光谱的聚类程度良好。设定相同坐标系的分布图中，横向进行比较，可发现聚类程度最坏的是 COW，次之是原始光谱、Median-Filter 以及 Gaussian-Filter，Moving-Average 呈现出最优的聚类效果。通过分析每个图得出，相距最近的是砂岩水与灰岩水，并且它们都主要分布在图中的第四象限，冲积层水虽主要处于第一象限，但也相距较近，而奥灰水和此三类水样的空间分布却相距很远。此种现象的出现可根据地层构造分析原因，由于晚古生界石炭系是砂岩水与灰岩水所属的时间地层，故它们的水源构成比较相似；新生代第四系为冲积层水所属的时间地层，为时间间距最近的一个时间地层系；早古生界奥陶系为奥灰水所属的时间地层，不包含老窑水，它是本次实验含水层所属的时间地层间距最远的一个地层系；老窑水的形成和时间地层没有联系，主要的出现原因是水源渗入采空区域以及废弃巷道，此外鉴于废弃后仍有大量人为、非地层物质的存在，所以区域内的水体所含物质丰富多样，而且也导致每个地方的老窑水所含物质元素千差万别，借此所产生的荧光光谱亦各具特点。时间地层的差异导致各自水体构成的差异，水体构成的差异即会表现在其各自产生的荧光光谱上，光谱数据差异愈明显，亦会出现较大间距的空间分布。在常规方法的水源识别中，因为灰岩水和奥灰水都是石灰岩水的一种，因此极易出现判别上的相互错识。但是在光谱分析中，无论是在图 6-2，抑或是在图 6-10 中皆能够发现两种水样空间距离很大，聚类程度良好。

2）SIMCA 分类

利用 PCA 分析中的前两个主成分作为特征因子，在 α=5%时，对各集合样本进行 SIMCA 分类，表 6-5 即是建模集与验证集的相应识别结果。

根据表 6-5 能够发现，基于各种预处理的荧光光谱，出现了较大的识别差异。SNV 的建模正确率较低，出现误判 22 个，除此之外的 5 种建模正确率皆较高，最高的为 Gaussian-Filter 的建模正确率，达到了 100%，验证集正确率除 SNV 外其余 5 种皆为 100%。出现的错误皆为砂岩水和灰岩水的相互

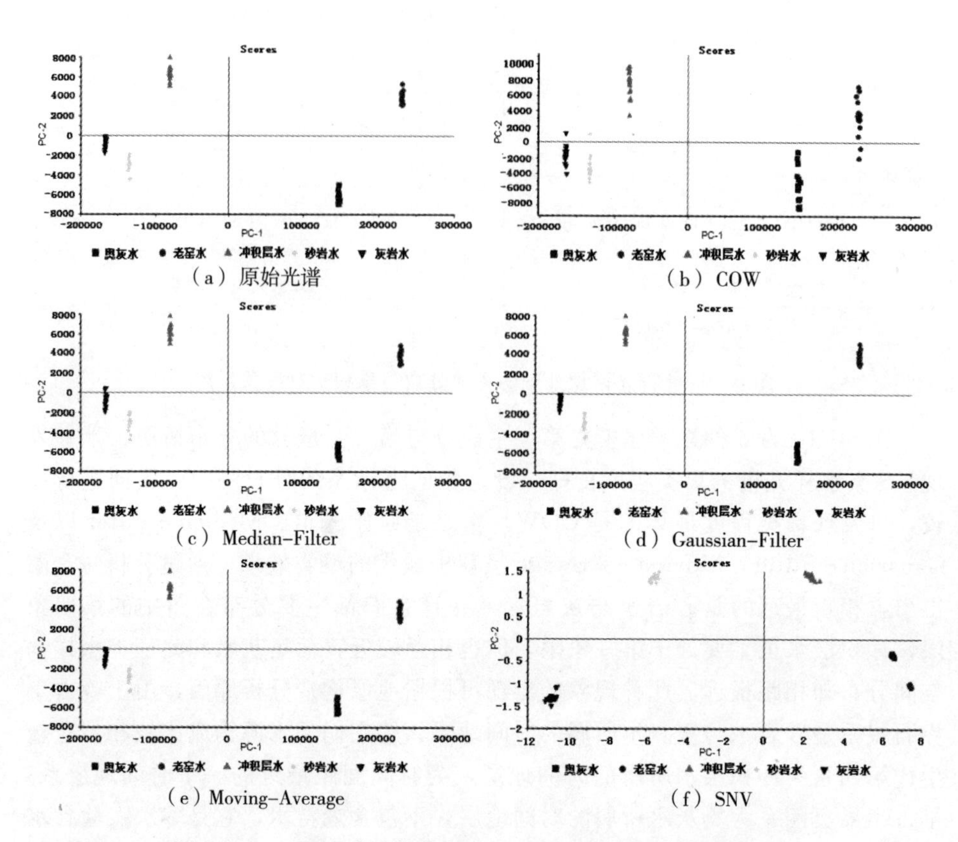

（a）原始光谱 （b）COW

（c）Median-Filter （d）Gaussian-Filter

（e）Moving-Average （f）SNV

图 6－10　6 种光谱建模集的第一主成分和第二主成分得分图

误判，这在 5 种水样建模集的得分图上可以看出原因，两者的空间距离过于相近。鉴于 SNV 处理后的光谱各项参数皆较差，因此不再分析 SNV 的模型距离。由表 6－6 可以看出，原始光谱的各水样模型相对其他预处理光谱间距普遍较小，间距平均值最大的为经过 Moving－Average 预处理后的水样模型，其后依次为 Median－Filter、Gaussian－Filter 和 COW 预处理后的水样模型，模型间的间距越大表示其差距越大，越有利于识别模型的建立。虽然 Gaussian－Filter 预处理后的建模集正确率和验证集正确率皆达到 100%，但并不代表经其他预处理后的 SIMCA 模型效果不佳，因此综合来看 Gaussian－Filter 和 Moving－Average 光谱预处理方法皆为本次 SIMCA 建模的较佳选择。

利用 LIF 技术获取淮南新集一矿矿井 5 个含水层的水样荧光光谱图，利用光谱特征进行数据压缩，依据相关原理建立了 SIMCA 的水样识别模型，结果发现模型具有辨识效果，对于验证集样本的识别正确率均为 100%，说明 LIF 技术结合 SIMCA 算法，经 Gaussian－Filter 和 Moving－Average 光谱预处理方法皆可对淮南新集一矿的奥陶系灰岩岩溶水、煤系砂岩裂隙水、煤系灰岩水、第四系冲积层水和老窑水的类别进行有效的识别。

表 6-5 SIMCA 分类结果

光谱预处理	建模集正确率	验证集正确率
原始光谱	(74/75) 98.67%	(25/25) 100%
COW	(74/75) 98.67%	(25/25) 100%
Median - Filter	(73/75) 97.33%	(25/25) 100%
Gaussian - Filter	(75/75) 100%	(25/25) 100%
Moving - Average	(74/75) 98.67%	(25/25) 100%
SNV	(53/75) 70.67%	(20/25) 80%

表 6-6 不同预处理建模的水样模型距离

(a) 原始光谱

距离	奥灰水	老窑水	冲积层	砂岩水	灰岩水
奥灰水	1.00	98.17	748.44	1158.78	1440.39
老窑水	98.17	1.00	1330.41	1862.52	2209.77
冲积层	748.44	1330.41	1.00	43.68	106.48
砂岩水	1158.78	1862.52	43.68	1.00	16.11
灰岩水	1440.39	2209.77	106.48	16.11	1.00

(b) COW

距离	奥灰水	老窑水	冲积层	砂岩水	灰岩水
奥灰水	1.00	109.39	880.01	1447.28	1725.62
老窑水	109.39	1.00	1526.97	2257.69	2575.46
冲积层	880.01	1526.97	1.00	56.25	131.44
砂岩水	1447.28	2257.69	56.25	1.00	20.56
灰岩水	1725.62	2575.46	131.44	20.56	1.00

(c) Median - Filter

距离	奥灰水	老窑水	冲积层	砂岩水	灰岩水
奥灰水	1.00	161.04	1203.06	1868.97	2311.69
老窑水	161.04	1.00	2186.04	3070.91	3621.56
冲积层	1203.06	2186.04	1.00	70.14	170.68
砂岩水	1868.97	3070.91	70.14	1.00	25.14
灰岩水	2311.69	3621.56	170.68	25.14	1.00

(d) Gaussian - Filter

距离	奥灰水	老窑水	冲积层	砂岩水	灰岩水
奥灰水	1.00	135.46	1040.43	1615.37	2008.39
老窑水	135.46	1.00	1860.53	2610.62	3097.40
冲积层	1040.43	1860.53	1.00	61.11	149.73
砂岩水	1615.37	2610.62	61.11	1.00	22.24
灰岩水	2008.39	3097.40	149.73	22.24	1.00

(e) Moving - Average

距离	奥灰水	老窑水	冲积层	砂岩水	灰岩水
奥灰水	1.00	282.86	2209.97	3471.15	4309.69
老窑水	282.86	1.00	3919.95	5564.03	6589.80
冲积层	2209.97	3919.95	1.00	130.78	321.86
砂岩水	3471.15	5564.03	130.78	1.00	47.05
灰岩水	4309.69	6589.80	321.88	47.05	1.00

(f) SNV

距离	奥灰水	老窑水	冲积层	砂岩水	灰岩水
奥灰水	1.00	5.74	11.18	46.51	64.91
老窑水	5.7413	1.00	17.07	55.05	72.42
冲积层	11.18	17.07	1.00	13.98	29.24
砂岩水	46.51	55.05	13.98	1.00	5.58
灰岩水	64.91	72.42	29.24	5.58	1.00

6.4.2 PLS - DA 建模

PLS - DA 建模的根本是 PLS 模型，在此基础上进行水样分类变量与光谱数据两者之间的回归分析，以此进行水源识别。为了进行实验对比，不再进行水样分组，继续使用上一实验的分组方式和水样光谱数据。PLS - DA 建模主要由两个步骤组成，第一步较为简单，即根据水样的已知类别，对水样进行分类变量的赋值，为 Y，以水样荧光光谱数据作为自变量 X，分类结果见表 6 - 7 所列。第二步即使用 PLS 模型原理，建立 5 种水样的分类变量 Y 和对应光谱数据自变量 X 之间的回归模型，分别计算未知水样的分类矢量值，进而即可得出未知水样的分类。

表 6-7 5种水样分类矢量表

水样类别	奥灰水	老窑水	冲积层水	砂岩水	灰岩水
分类变量	[1 0 0 0 0]	[0 1 0 0 0]	[0 0 1 0 0]	[0 0 0 1 0]	[0 0 0 0 1]

1）光谱预处理方法比较

鉴于光谱数据量已较少，因此不再进行光谱波段的筛选。以整个样品集作为建模集，在全波段范围内，结合 PLS-DA 建模原理，以相关系数 r 和建模集均方根误差（*RMSECV*）作为的 PLS-DA 判别模型的判别标准，r 数值大、*RMSECV* 小的 PLS-DA 判别模型预测精度高，对应的光谱预处理方法好。为对比 SIMCA 判别模型，仅进行比较原始光谱、Gaussian-Filter 和 Moving-Average 光谱预处理算法对建模效果的影响，判别结果见表 6-8 所列。

表 6-8 不同光谱预处理方法对建模结果的影响

预处理方法	r	*RMSECV*
原始光谱	0.985	0.062
Gaussian-Filter	0.973	0.071
Moving-Average	0.971	0.075

由上表可以看出，经过 Gaussian-Filter 和 Moving-Average 预处理后的 PLS-DA 识别模型其 r 值均小于原始光谱的 0.985，其 *RMSECV* 值均大于原始光谱的 0.062，可见两种预处理方法并不能较好地提高模型的识别精度。因此，在后续的 PLS-DA 识别研究中直接使用原始光谱进行后续分析并建立识别模型。

2）PLS-DA 分类

继续使用 SIMCA 识别模型中的分组方式，100 组光谱的 75 组作为建模集，剩余 25 组作为验证集。

5 种水样 PLS-DA 分类的建模集和验证集数据见表 6-9 所列，由表 6-9 可以看出建模集中水样样本与其对应的分类变量之间的相关系数 r 均较高，最大的为老窑水的 0.997，其后依次为灰岩水、冲积层水和奥灰水，最小的是砂岩水的 0.971，验证集中相关系数 r 相对皆有所降低，但最小的砂岩水其相关系数 r 也达到了 0.951；均方根误差的实验结果则较小，符合 PLS-DA 分类建模要求，建模集中的 *RMSECV* 老窑水数值最低，为 0.037，其后依次为灰岩水、冲积层水和砂岩水，数值最大的为奥灰水的 0.087，验证集中的 *RMSEP* 相对皆有所增加，但也大致呈现出相同特征，即老窑水数值最低，其后依次为灰岩水、冲积层水和奥灰水，数值最大的为砂岩水。依据模型原理，从两类参数可看出建立的 PLS-DA 判别模型具备较佳的拟合度。

表 6-9　PLS-DA 模型的建模集与验证集结果

		奥灰水	老窑水	冲积层水	砂岩水	灰岩水
建模集	r	0.976	0.996	0.982	0.971	0.993
	$RMSECV$	0.087	0.040	0.073	0.079	0.047
	$Bias$	3.87×10^{-8}	1.19×10^{-8}	-2.59×10^{-8}	7.31×10^{-8}	1.65×10^{-8}
	正确率/%	100	100	100	100	100
验证集	r	0.958	0.991	0.975	0.951	0.986
	$RMSEP$	0.116	0.054	0.089	0.123	0.061
	$Bias$	4.50×10^{-4}	-1.72×10^{-4}	-1.41×10^{-3}	6.86×10^{-4}	-2.76×10^{-4}
	正确率/%	100	100	100	100	100

图 6-11 是本次实验不同种类水样分类矢量的 PLS 预测值和真实值的回归曲线图，分别对应奥灰水、老窑水、冲积层水、砂岩水和灰岩水。根据图 6-11（a）可发现，奥灰水样本的预测值较为集中地出现在 1 上下，老窑水、冲积层水、砂岩水和灰岩水样本的预测值则较为集中地出现在 0 上下；根据图 6-11（b）可发现，老窑水样本的预测值较为集中地出现在 1 上下，奥灰水、冲积层水、砂岩水和灰岩水样本的预测值则较为集中地出现在 0 上下；根据图 6-11（c）可发现，冲积层水样本的预测值较为集中地出现在 1 上下，奥灰水、老窑水、砂岩水和灰岩水样本的预测值则较为集中地出现在 0 上下；根据图 6-11（d）可发现，砂岩水样本的预测值较为集中地出现在 1 上下，奥灰水、老窑水、冲积层水和灰岩水样本的预测值则较为集中地出现在 0 上下；根据图 6-11（e）可发现，灰岩水样本的预测值较为集中地出现在 1 上下，奥灰水、老窑水、冲积层水和砂岩水样本的预测值则较为集中地出现在 0 上下。每幅图皆可清晰地分辨出对应水样和其他水样，这也说明 PLS-DA 模型可以对淮南新集一矿的水样进行水样的水源识别，且具有较佳的预测精度。

为验证所建立 PLS-DA 模型的准确度，利用验证集中 5 种水样的 25 个样本进行分类识别，实验结果如图 6-12 所示，见表 6-10 所列。由图 6-12（a）和表 6-10（a）可以看出奥灰水样本的预测值较为集中地出现在 1 上下，偏差范围为 0.0844～0.0884，老窑水、冲积层水、砂岩水和灰岩水样本的预测值则较为集中地出现在 0 上下，偏差范围为 0.0813～0.0916；由图 6-12（b）和表 6-10（b）可以看出老窑水样本的预测值较为集中地出现在 1 上下，偏差范围为 0.0553～0.0571，奥灰水、冲积层水、砂岩水和灰岩水样本的预测值则较为集中地出现在 0 上下，偏差范围为 0.0509～0.0574；由图 6-12（c）和表 6-10（c）可以看出冲积层水样本的预测值较为集中地出现在 1 上下，偏差范围为 0.1117～0.1425，奥灰水、老窑水、砂岩水和灰岩水样本的

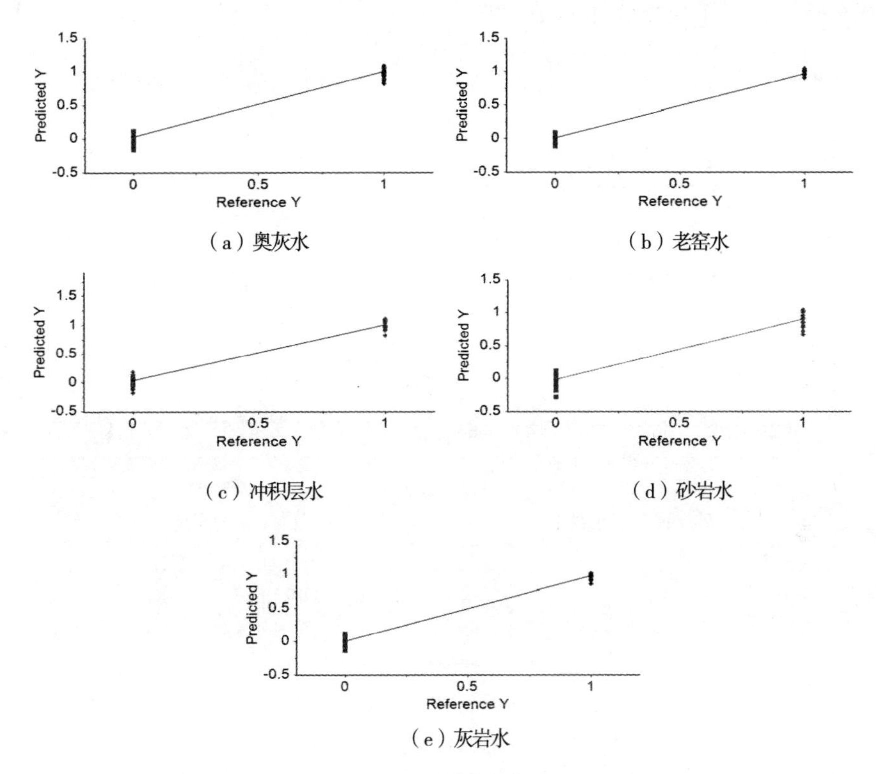

(a) 奥灰水 (b) 老窑水

(c) 冲积层水 (d) 砂岩水

(e) 灰岩水

图 6-11 PLS-DA 模型回归曲线图

预测值则较为集中地出现在 0 上下，偏差范围为 0.1131～0.1959；由图 6-12（d）和表 6-10（d）可以看出砂岩水样本的预测值较为集中地出现在 1 上下，偏差范围为 0.1689～0.1718，奥灰水、老窑水、冲积层水和灰岩水样本的预测值则较为集中地出现在 0 上下，偏差范围为 0.1689～0.1781；由图 6-12（e）和表 6-10（e）可以看出灰岩水样本的预测值较为集中地出现在 1 上下，偏差范围为 0.0709～0.0754，奥灰水、老窑水、冲积层水和砂岩水样本的预测值则较为集中地出现在 0 上下，偏差范围为 0.0669～0.0764。依据 PLS-DA 建模的识别准则，由图 6-12（a）可见验证集样本中的奥灰水都可被准确识别，而老窑水、冲积层水、砂岩水和灰岩水样本则没有老窑水的特征；由图 6-12（b）可见验证集样本中的冲积层水都可被准确识别，而奥灰水、冲积层水、砂岩水和灰岩水样本则没有老窑水的特征；由图 6-12（c）可见验证集样本中的冲积层水都可被准确识别，而奥灰水、老窑水、砂岩水和灰岩水样本则没有冲积层水的特征；由图 6-12（d）可见验证集样本中的砂岩水都可被准确识别，而奥灰水、老窑水、冲积层水和灰岩水样本则没有砂岩水的特征；由图 6-12（e）可见验证集样本中的灰岩水都可被准确识别，而奥灰水、老窑水、冲积层水和砂岩水样本则没有灰岩水的特征；所建立的 PLS-DA 模型对

5种水样的识别正确率皆达到了100%。

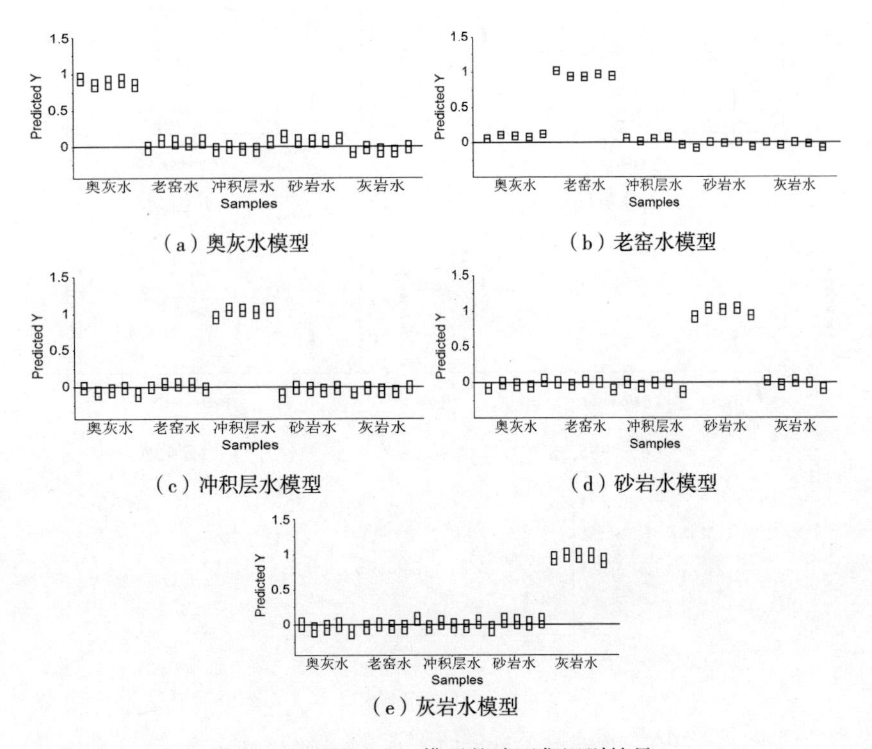

图 6-12　PLS-DA模型的验证集识别结果

表 6-10　PLS-DA模型对验证集未知样品的预测值及偏差结果

(a) 奥灰水为分类模型

序号	预测值	定义值	偏差	序号	预测值	定义值	偏差
奥灰 16	0.9363	1	0.0872	冲积 19	−0.0466	0	0.0882
奥灰 17	0.8473	1	0.0844	冲积 20	0.0630	0	0.0872
奥灰 18	0.8863	1	0.0884	灰岩 16	0.1359	0	0.0871
奥灰 19	0.9097	1	0.0864	灰岩 17	0.0706	0	0.0877
奥灰 20	0.8480	1	0.0855	灰岩 18	0.0695	0	0.0847
老窑 16	−0.0228	0	0.0900	灰岩 19	0.0653	0	0.0828
老窑 17	0.0824	0	0.0891	灰岩 20	0.1084	0	0.0813
老窑 18	0.0638	0	0.0907	砂岩 16	−0.0803	0	0.0813
老窑 19	0.0398	0	0.0883	砂岩 17	−0.0233	0	0.0840

（续表）

序号	预测值	定义值	偏差	序号	预测值	定义值	偏差
老窑 20	0.0740	0	0.0912	砂岩 18	−0.0621	0	0.0916
冲积 16	−0.0465	0	0.0902	砂岩 19	−0.0733	0	0.0815
冲积 17	−0.0092	0	0.0890	砂岩 20	−0.0132	0	0.0858
冲积 18	−0.0364	0	0.0858				

（b）老窑水为分类模型

序号	预测值	定义值	偏差	序号	预测值	定义值	偏差
奥灰 16	0.0535	0	0.0547	冲积 19	0.0676	0	0.0553
奥灰 17	0.1066	0	0.0529	冲积 20	−0.0359	0	0.0546
奥灰 18	0.0907	0	0.0554	灰岩 16	−0.0800	0	0.0545
奥灰 19	0.0760	0	0.0541	灰岩 17	0.0013	0	0.0549
奥灰 20	0.1167	0	0.0536	灰岩 18	−0.0123	0	0.0530
老窑 16	1.0162	1	0.0564	灰岩 19	0.0014	0	0.0519
老窑 17	0.9356	1	0.0558	灰岩 20	−0.0665	0	0.0510
老窑 18	0.9336	1	0.0569	砂岩 16	−0.009	0	0.0509
老窑 19	0.9675	1	0.0553	砂岩 17	−0.0425	0	0.0526
老窑 20	0.9430	1	0.0571	砂岩 18	−0.0010	0	0.0574
冲积 16	0.0568	0	0.0565	砂岩 19	−0.0217	0	0.0510
冲积 17	0.0142	0	0.0558	砂岩 20	−0.0772	0	0.0537
冲积 18	0.0487	0	0.0537				

（c）冲积层水为分类模型

序号	预测值	定义值	偏差	序号	预测值	定义值	偏差
奥灰 16	−0.1372	0	0.1223	冲积 19	0.8469	1	0.1117
奥灰 17	0.1024	0	0.1350	冲积 20	0.8624	1	0.1425
奥灰 18	0.1082	0	0.1131	灰岩 16	0.3729	0	0.1267
奥灰 19	−0.2643	0	0.1207	灰岩 17	−0.0519	0	0.1286
奥灰 20	−0.3413	0	0.1189	灰岩 18	0.1366	0	0.1193
老窑 16	−0.1125	0	0.1422	灰岩 19	−0.0037	0	0.1249
老窑 17	0.0439	0	0.1442	灰岩 20	0.1278	0	0.1954
老窑 18	0.1139	0	0.1387	砂岩 16	0.1552	0	0.1959

（续表）

序号	预测值	定义值	偏差	序号	预测值	定义值	偏差
老窑 19	−0.0237	0	0.1208	砂岩 17	0.1206	0	0.1492
老窑 20	−02862	0	0.1273	砂岩 18	−0.0488	0	0.1344
冲积 16	0.7577	1	0.1386	砂岩 19	0.0347	0	0.1156
冲积 17	0.9224	1	0.1365	砂岩 20	0.4869	0	0.1287
冲积 18	0.8261	1	0.1170				

(d) 砂岩水为分类模型

序号	预测值	定义值	偏差	序号	预测值	定义值	偏差
奥灰 16	0.0039	0	0.1717	冲积 19	−0.0452	0	0.1701
奥灰 17	−0.1003	0	0.1781	冲积 20	0.0586	0	0.1715
奥灰 18	−0.0963	0	0.1764	砂岩 16	0.7767	1	0.1729
奥灰 19	0.0041	0	0.1731	砂岩 17	0.8871	1	0.1711
奥灰 20	−0.1127	0	0.1712	砂岩 18	0.9003	1	0.1718
老窑 16	−0.0453	0	0.1764	砂岩 19	0.8979	1	0.1718
老窑 17	0.0057	0	0.1718	砂岩 20	0.7003	1	0.1689
老窑 18	−0.0247	0	0.1689	灰岩 16	−0.0935	0	0.1728
老窑 19	−0.0387	0	0.1741	灰岩 17	0.0874	0	0.1719
老窑 20	0.1081	0	0.1691	灰岩 18	0.0692	0	0.1716
冲积 16	−0.0487	0	0.1695	灰岩 19	0.0215	0	0.1719
冲积 17	0.0319	0	0.1713	灰岩 20	0.0525	0	0.1751
冲积 18	−0.0376	0	0.1698				

(e) 灰岩水为分类模型

序号	预测值	定义值	偏差	序号	预测值	定义值	偏差
奥灰 16	−0.1021	0	0.0747	冲积 19	0.0367	0	0.0717
奥灰 17	−0.0257	0	0.0729	冲积 20	−0.2735	0	0.0725
奥灰 18	−0.0423	0	0.0754	砂岩 16	0.0398	0	0.0719
奥灰 19	−0.0874	0	0.0741	砂岩 17	−0.0418	0	0.0721
奥灰 20	0.0367	0	0.0736	砂岩 18	0.0381	0	0.0714
老窑 16	0.0028	0	0.0764	砂岩 19	0.0095	0	0.0711
老窑 17	−0.0341	0	0.0758	砂岩 20	−0.1897	0	0.0687
老窑 18	0.0129	0	0.0669	灰岩 16	0.7257	1	0.0727

（续表）

序号	预测值	定义值	偏差	序号	预测值	定义值	偏差
老窑 19	0.0076	0	0.0753	灰岩 17	0.9121	1	0.0716
老窑 20	−0.1977	0	0.0691	灰岩 18	0.9003	1	0.0713
冲积 16	0.0179	0	0.0695	灰岩 19	0.9273	1	0.0709
冲积 17	−0.0985	0	0.0713	灰岩 20	0.7936	1	0.0754
冲积 18	0.0065	0	0.0698				

利用 LIF 技术获取矿井 5 个含水层的水样荧光光谱图，利用光谱特征进行数据压缩，依据相关原理建立了 PLS－DA 的水样识别模型，结果发现 5 个模型校正集的相关系数均大于 0.97，模型具有良好的拟合度，对于验证集样本的识别正确率均为 100%，说明 LIF 技术结合 PLS－DA 算法，可对奥灰水、老窑水、冲积层水、砂岩水和灰岩水的类别进行有效的识别，且不需要进行相应的光谱预处理。

6.4.3 KNN 建模

为了简化 KNN 模型的复杂度，提升数据处理效率，本次 KNN 建模以 PCA 分析为基础进行。利用 SIMCA 模型里对水样的 PCA 分析，结合 KNN 原理，实施对煤矿水样属性的快速识别。

选取 SIMCA 识别模型中的前 2 个主成分作为判别因子，根据 k 的取值，分别计算每个未知样本与验证集样本之间的空间距离 D_i，并根据判别函数计算未知水样的归属。鉴于 k 的取值范围并没有一个明确的说明，因此本实验对 k 分别取 15、20、25、30、35 进行对比识别，以确定 k 的最佳取值。即分别对每一个验证集样本取与其空间距离最近的 15、20、25、30、35 建模集样本进行判别函数的计算。根据 KNN 原理对各未知水样的识别，其结果见表 6－11所列。

表 6－11 KNN 建模分类结果

预处理方法	k 取值	正确率
原始光谱	15	(22/25) 88%
	20	(24/25) 96%
	25	(25/25) 100%
	30	(25/25) 100%
	35	(25/25) 100%

（续表）

预处理方法	k 取值	正确率
Gaussian - Filter	15	(24/25) 100%
	20	(25/25) 100%
	25	(25/25) 100%
	30	(25/25) 100%
	35	(25/25) 100%
Moving - Average	15	(23/25) 100%
	20	(25/25) 100%
	25	(25/25) 100%
	30	(25/25) 100%
	35	(25/25) 100%

由表 6 - 11 可看出，原始光谱的 KNN 识别在 k 等于 15 时出现 3 个水样的误判，在 k 等于 20 时出现 1 个水样的误判，当 k 继续增大时，不再出现误判情况，正确率为 100%；经 Gaussian - Filter 预处理后荧光光谱的 KNN 识别在 k 等于 15 时出现 1 个水样的误判，当 k 继续增大时，不再出现误判情况，正确率为 100%；经 Moving - Average 预处理后荧光光谱的 KNN 识别在 k 等于 15 时出现 2 个水样的误判，当 k 继续增大时，不再出现误判情况，正确率为 100%。三种预处理方法的 KNN 建模皆出现了错误，具体分析可发现，错误的样本全部是砂岩水和灰岩水的相互误判，这也可以从 PCA 的得分分布图上进行解释，因为本次的 KNN 建模识别是以 PCA 得分分布图为识别基础，其空间距离的计算依据即水样的得分分布，因此误判的水样与 SIMCA 类型一致。总体来看三种预处理方法的 KNN 建模皆能较好地进行水样的识别，但是经 Gaussian - Filter 预处理后的荧光光谱其 KNN 建模识别效果最佳。鉴于工作量较大，本次的实验只是以间隔为 5 分别对 k 进行取值，并没有进行 k 取值的全覆盖，因此并不能较好地得到各预处理方法 k 正确率最大的临界值，而且 k 的取值并没有任何理论依据可言，需根据实验对象的数目进行动态调整，在更换水样数目后，k 的取值即需要重新确定并进行新的 KNN 建模识别。

6.5　本章小结

以淮南新集一矿为实验对象进行水源快速识别模型的建立，分别采集了奥陶系灰岩岩溶水、煤系砂岩裂隙水、煤系灰岩水、第四系冲积层水和老窑水 5 种水样的荧光光谱数据。

根据水样荧光光谱特征进行了光谱数据处理。为提高数据处理效率，选取420～670nm 进行光谱分析，并采用 COW，Median - Filter，Gaussian - Filter，Moving - Average，SNV 算法进行光谱预处理。根据数值分析发现，Gaussian - Filter 算法降噪效果最佳，COW 预处理结果最不理想。

分类建模实验表明 SIMCA 建模在以 Gaussian - Filter 和 Moving - Average 算法进行光谱预处理的情况下皆可以进行较佳的水源快速识别，建模集和验证集正确率皆达到了 100%，但是根据模型距离 Moving - Average 算法为最佳光谱预处理选择；PLS - DA 建模以原始光谱为基础可进行较佳的水源快速识别，建模集相关系数 r 皆大于 0.97，建模集均方根误差 *RMSECV* 最大为 0.087，说明模型具有良好的拟合性，建模集和验证集正确率皆达到了 100%，光谱预处理并没有有效地提高建模的正确率；KNN 建模分别分析了以原始光谱、Gaussian - Filter 和 Moving - Average 预处理方法进行分类建模，结果发现在 $k=20$ 时，以 Gaussian - Filter 和 Moving - Average 预处理方法进行分类建模皆可以较好地提高模型的正确率。总体来说 SIMCA 与 PLS - DA 建模在不同的光谱预处理方法的分析下皆可进行良好的水源快速识别，对于其他煤矿水样可进行设备的直接利用，但是 KNN 建模对 k 的取值没有理论依据可言，需要逐个实验，且需要根据水样数量进行调整，在其他煤矿使用时还需要进行大量相关程序的修改，相对比而言不具有较好的移植性，因此后续的建模验证主要以 SIMCA 与 PLS - DA 建模为主。

7 水源快速识别模型验证

7.1 大同矿区概况

7.1.1 区域地层及构造

大同煤田属于中国华北聚煤区北部的多纪煤田。部分地表被第三纪和第四纪覆盖，中、小型断裂不甚发育。

大同矿区地处山西省大同市西南边，横跨大同、朔州两市，东北先从青瓷窑断层开始，东南及南至口泉—鹅毛口—洪涛山北坡一线石炭二迭纪含煤地层露头线，西和北至左云—小破堡—西村一线侏罗纪、石炭二迭纪含煤地层边界。大同矿煤矿占地 1827m^2，煤矿种类里侏罗系 772m^2，石炭二叠系 1739m^2，侏罗系和石炭二叠系位于东北部煤区重合面积 684m^2。煤矿区里丘陵形状较为平坦，大体西南较高，东北较低。尖口山最高，标高 1835.9m，口泉沟最低，标高 1093.6m。

大同煤区是北东向广阔的向斜构造，整体倾伏往北东方向，南东翼倾斜角度正常在20°至60°，部分地区表现出倒转状况，北西翼受白垩系包围。

7.1.2 主要含水层及其含水性

1）寒武-奥陶系灰岩含水层

寒武-奥陶系灰岩在马武山、口泉山、七峰山、鹅毛口等区域出露，整体厚度达 500～600m，在煤区里厚度有着明显的差异，从南往北逐渐变薄，白云岩和灰岩是其主要岩性。由相关水文地质研究发现，煤区南端含水性强，单井排水大于 500m^3/d，而北端含水性则较弱，最大仅达 0.1L/（s·m）而已。

2）云岗组及其风化壳含水层

此层距地表较近，受风化影响很大，且被沟谷切分，下伏黄土，因此含水性偏低，但是含水性在距河床较近区域则较高。由抽水和地区钻孔勘探可得，单位渗透系数 0.77～2.72m/d，涌水量是 0.12～0.42L/（s·m），含水性一般。

3）侏罗系大同组砂岩裂隙含水层

大同组含煤岩系，厚 8.25～25.56m，水量小，含水性弱，包含很多成分集合而成：煤层、泥岩以及砂岩，部分地段如相邻河床和向斜轴部区域，含水性很好。形成过程不稳定，由地区钻孔抽水实验可得，渗透系数为 0.44～2.08m/d，单位涌水量达 0.06～0.129L/（s·m）。由于煤炭挖掘，导致砂岩裂口渗透至井下，致含水层中的存水量逐渐降低。

4）第四系冲洪积层含水层

冲洪积层含水层集中遍布于某些沟谷区域和十里河床、口泉河区域，厚度大概 10m，砾石和粗砂是其地层岩性的重要组成。涌水量为 2～5L/（s·m），某些区域可能较高，岩层含水性一般到富足。

7.2 实验材料与方法

7.2.1 实验材料

以大同燕子山煤矿为例，进行本次激光诱导荧光技术的水源快速识别模型验证。鉴于大同燕子山煤矿实际生产及水文地质情况，大同燕子山煤矿只提供老窑水、第四系冲积层水和煤系砂岩裂隙水 3 种水样。因此本次模型验证即以此 3 种水样作为实验对象验证水源快速识别模型的可靠性。项目组中国矿业大学于 2015 年 7 月 13 日于大同市燕子山煤矿采集上述 3 种水样，各种水样皆采集 20 组，共 60 组样本，并避光存储带回实验室。

7.2.2 光谱采集

继续使用自行设计实现的 LIF 系统，光谱数据采集软件为自行设计实现的上位机软件系统。为减小外界背景光的影响，水样的荧光光谱数据采集皆在暗室中进行。激光器采用 405nm 激光，激光功率为 120MW。USB2000＋荧光光谱仪分辨率设定为 0.5nm，积分时间设置为 1s/1000nm，采样间隔 0.5nm，数据接收对应荧光光谱范围 400～800nm 波段，接收到的每个水样荧光光谱共有采样数据点 801 个。

实验时依次对于大同燕子山煤矿采集的 3 种水样：煤系砂岩裂隙水（砂岩水）、第四系冲积层水（冲积层水）和老窑水，每种水样 20 个样本，共 60 个样本进行光谱采样。为保证激光仪器输出能量的稳定性，首先预热整个系统 10 分钟，而后进行水样荧光数据采集。为降低实验中由于人为操作等因素造成的随机误差，每个水样样本采样 5 次，取其算术平均值，得到 60 个水样的荧光光谱图，如图 7－1 所示。

由图 7－1 可看出 3 种水样的荧光光谱图差异明显，呈现出明显的类别趋势。3 种水样的荧光光谱图整体光强最大的水样依旧是老窑水，其后依次为第四系冲积层水和煤系砂岩裂隙水。由水样荧光光谱图 7－1 可以看出，老窑水

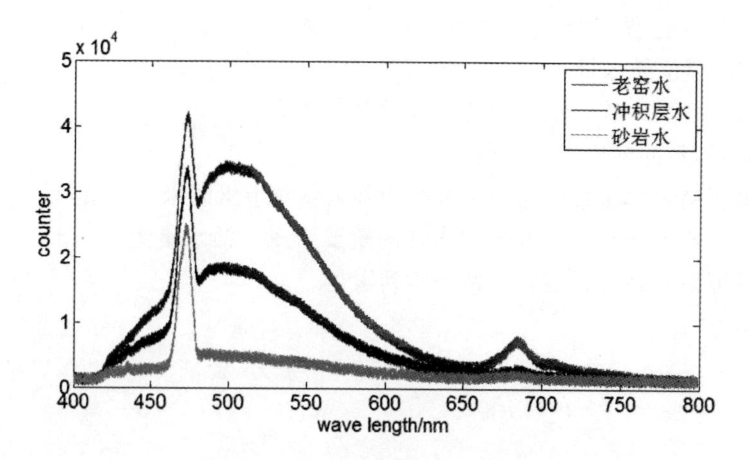

图 7-1 3 种水样的荧光光谱图

的第一波峰值为位于 473nm 处，强度在 4.1×10^4 附近；第二波峰值位于 499nm 处，强度在 3.4×10^4 附近；第三波峰值位于 681nm 处，强度在 0.8×10^4 附近，波谷值为位于 479nm 处，强度在 2.9×10^4 附近。第四系冲积层水的第一波峰值位于 473nm 处，强度在 3.3×10^4 附近；第二波峰值位于 499nm 处，强度在 1.8×10^4 附近，波谷值位于 482nm 处，强度在 1.7×10^4 附近。煤系砂岩裂隙水的第一波峰值位于 473nm 处，强度在 2.5×10^4 附近；第二波峰值位于 500nm 处，强度在 1.4×10^4 附近，波谷值位于 481nm 处，强度在 1.3×10^4 附近。其中除老窑水具有三个明显波峰外，其余两种水样皆只有两个波峰，且第一波峰值皆远大于其他波峰值。

比较燕子山煤矿的水样荧光光谱图与淮南新集一矿的水样荧光光谱图可以看出两个矿的水样荧光光谱图差异明显，即使是属于统一水样的煤系砂岩裂隙水和第四系冲积层水也差异明显，这即是地域的不同造成了水样所含物质不同，其反映在荧光谱图上即造成了现在的差异。

从整体荧光光谱图来看，3 种水样的差异主要集中在中间波段，在 420～670nm 波段，煤系砂岩裂隙水和第四系冲积层水其两端 400～420nm 波段及 670～800nm 波段差异较小，趋于一致，但是老窑水在 681nm 附近有一个明显波峰，其可以作为一个特征进行水样的识别，可提高建模的正确率，因此本次建模不再进行波段的筛选，以全波段进行建模验证。

7.3 快速识别系统光谱数据处理

为验证第五章整体建模的正确性，本次光谱预处理使用上章认为较佳的两种光谱预处理算法，即 Gaussian - Filter 和 Moving - Average 算法，在进行光谱预处理前，我们仍对相邻的两数据求算术平均值，并保留，此时，光谱数据即从 801 个数据点降低至 401 个数据点。预处理后的荧光光谱图如图 7-2 和图 7-3 所示。

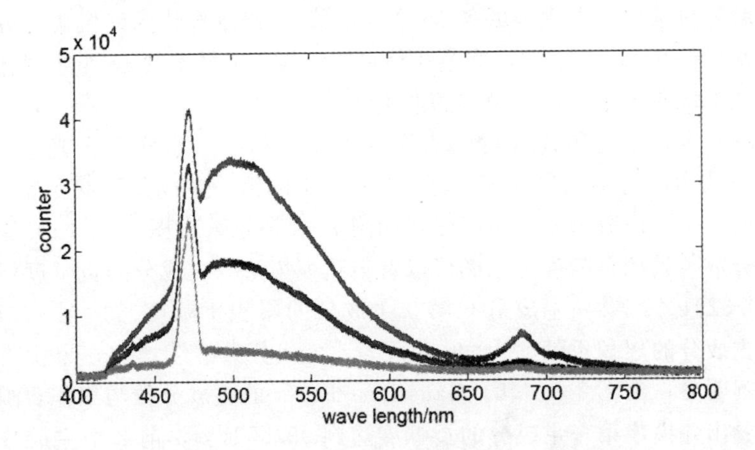

图 7-2　Gaussian-Filter 预处理光谱

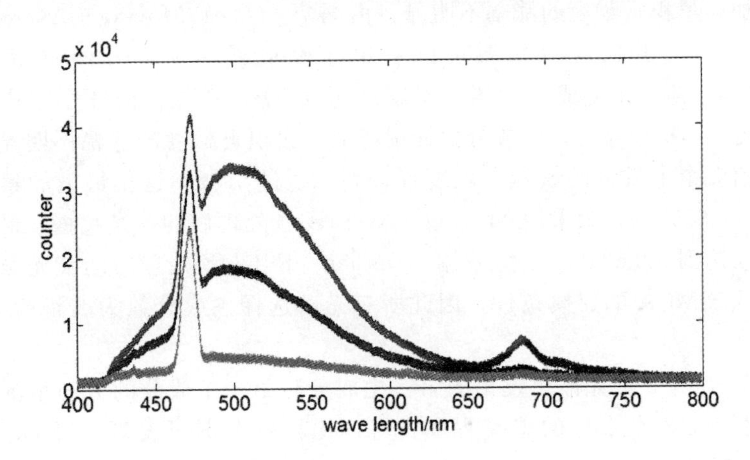

图 7-3　Moving-Average 预处理光谱

7.4 快速识别系统分类建模

根据第五章所确定的两种建模方法进行本节的数据分析，利用上节所述 2 种不同光谱预处理算法处理后的水样荧光光谱，加上未经光谱预处理的水样原始荧光光谱，共 3 种不同光谱进行后续的分类建模工作，分别使用 SIMCA 和 PLS-DA 这 2 类算法对 3 种水样的 3 种不同光谱预处理结果进行分类，最后分析比较验证各分类模型的可行性。

7.4.1 SIMCA 建模

1）PCA 分析

实验随机选取 3 种水样的各 15 个样本共 45 组水样作为建模集，分别建立每一类水样的 SIMCA 模型，剩余 3 种水样的各 5 个样本共 15 组水样作为验证集，验证本次所建水样识别模型的准确性。

分别对 3 种进行预处理后的水样荧光光谱和原始水样荧光光谱在 400～800nm 波段内进行主成分分析，鉴于 3 种光谱的第一主成分贡献度皆较大，因此统计前 7 个主成分的累积贡献度，如图 7－4 所示。由图 7－4（a）原始光谱的主成分数与累积贡献度关系图可以看出建模集第一主成分的贡献度极大，已达到 99.6231%，第一主成分与第二主成分的累积贡献度已达到 99.7305%，前 3 个主成分的累积贡献度为 99.7517%，主成分数继续增加，累积贡献度的涨幅已不明显；由图 7－4（b）Gaussian－Filter 的主成分数与累积贡献度关系图可以看出建模集第一主成分的贡献度达到 99.5531%，前 2 个主成分的累积贡献度达到 99.6828%，前 3 个主成分的累积贡献度为 99.7925%，主成分数继续增加，累积贡献度的涨幅不明显；由图 7－4（c）Moving－Average 的主成分数与累积贡献度关系图可以看出建模集第一主成分的贡献度达到 99.7912%，前 2 个主成分的累积贡献度达到 99.8753%，前 3 个主成分的累积贡献度为 99.8995%，主成分数继续增加，累积贡献度的涨幅不明显。所有光谱的前 2 个主成分的累积贡献度皆较高，超过 99%，这里最大的累积贡献度达到 99.8753%，为采用 Moving－Average 预处理后的荧光数据；最小的累积贡献度达到 99.6828%，为采用 Gaussian－Filter 预处理后的荧光数据，两者皆符合 SIMCA 的建模条件，因此所有光谱选择主成分数为 2 进行 SIMCA 建模。

图 7－5 为 3 种光谱建模集的第一主成分与第二主成分的分布情况。由其中能够发现，3 类水样的聚类程度良好。比较每个图可发现，经 Gaussian－Filter 和 Moving－Average 预处理后的聚类效果稍好于原始光谱。

2）SIMCA 分类

利用 PCA 分析中的前两个主成分作为特征因子，在 $\alpha=5\%$时，对各集合样本进行 SIMCA 分类，表 7－1 即是建模集与验证集的相应识别结果。

根据表 7－1 能够发现，基于各种预处理的荧光光谱，辨识结果都较佳，只有原始光谱的分类出现 1 个误判，其余两种无论建模集还是验证集正确率都达到了 100%。

由表 7－2 可以看出，原始光谱的各水样模型相对其他预处理光谱间距普遍较小，间距平均值最大的为经过 Moving－Average 预处理后的水样模型，其后为经 Gaussian－Filter 预处理后的水样模型，因此综合来看大同燕子山煤矿的水样使用 Moving - Average 光谱预处理方法为本次 SIMCA 建模的较佳选择。

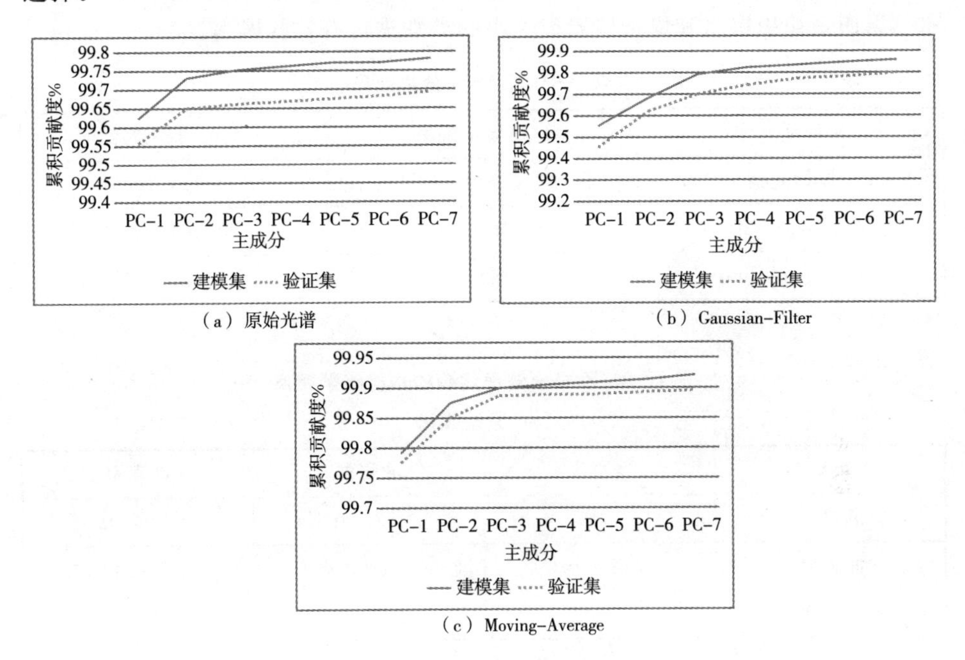

（a）原始光谱 （b）Gaussian-Filter

（c）Moving-Average

图 7-4 3 种光谱预处理的主成分数与累积贡献度关系图

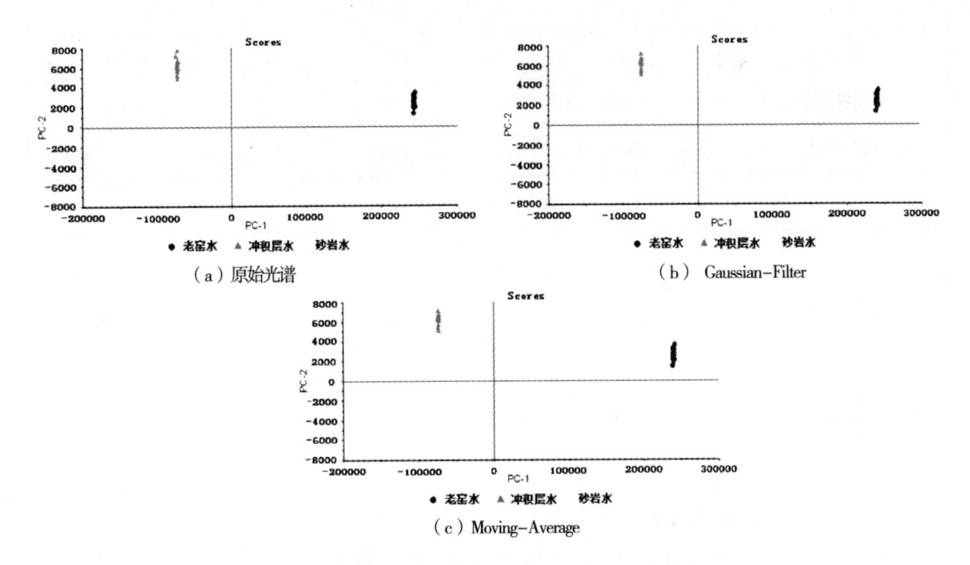

（a）原始光谱 （b） Gaussian-Filter

（c）Moving-Average

图 7-5 3 种光谱建模集的第一主成分和第二主成分的得分图

利用 LIF 技术获取矿井 3 个含水层的水样荧光光谱图，利用光谱特征进行数据压缩，依据相关原理建立了 SIMCA 的水样识别模型，结果发现模型具有识别特性，对于验证集样本的识别正确率均为100%，说明LIF技术结合SIMCA算法，经Moving - Average光谱预处理可对大同燕子山煤矿的老窑水、第四系冲积层水和煤系砂岩裂隙水的类别进行有效的识别。

表7-1 SIMCA分类结果

预处理方法	建模集正确率	验证集正确率
原始光谱	(44/45) 97.78%	(15/15) 100%
Gaussian - Filter	(45/45) 100%	(15/15) 100%
Moving - Average	(45/45) 100%	(15/15) 100%

表7-2 不同预处理建模的水样模型距离

(a) 原始光谱

距离	老窑水	冲积层	砂岩水
老窑水	1.00	1527.46	1964.02
冲积层	1527.46	1.00	1057.21
砂岩水	1964.02	1057.21	1.00

(b) Gaussian - Filter

距离	老窑水	冲积层	砂岩水
老窑水	1.00	1925.73	2830.91
冲积层	1925.73	1.00	1396.51
砂岩水	2830.91	1396.51	1.00

(c) Moving - Average

距离	老窑水	冲积层	砂岩水
老窑水	1.00	4761.27	6583.49
冲积层	4761.27	1.00	1731.25
砂岩水	6583.49	1731.25	1.00

7.4.2 PLS - DA建模

鉴于第5章已得到实验结果，认为不经光谱预处理，PLS - DA建模识别的正确率也可达到100%，因此本节主要进行此方法的验证，即利用原始光谱进行PLS - DA建模识别，观察正确率。

根据PLS - DA建模原理，建立水样分类矢量与光谱数据两者之间的回归分析模型。首先对水样进行分类矢量的赋值，分类结果见表 7-3 所列。

表 7-3 3 种水样分类矢量表

水样类别	老窑水	冲积层水	砂岩水
分类变量	[1 0 0]	[0 1 0]	[0 0 1]

1）光谱预处理方法比较

以整个样品集作为建模集，在全波段范围内，结合 PLS-DA 建模原理，以相关系数 r 和建模集均方根误差（*RMSECV*）作为的 PLS-DA 判别模型的判别标准，r 数值大、*RMSECV* 小的 PLS-DA 判别模型预测精度高，对应的光谱预处理方法好。根据第五章的实验结果，比较原始光谱、Gaussian-Filter 和 Moving-Average 光谱预处理算法对建模效果的影响，判别结果见表 7-4 所列。

表 7-4 不同光谱预处理方法对建模结果的影响

预处理方法	r	*RMSECV*
原始光谱	0.991	0.061
Gaussian-Filter	0.978	0.069
Moving-Average	0.969	0.076

由上表可以看出，经过 Gaussian-Filter 和 Moving-Average 预处理后的 PLS-DA 识别模型其 r 值均小于原始光谱的 0.991，其 *RMSECV* 值均大于原始光谱的 0.061，可见两种预处理方法并不能较好地提高模型的识别精度。因此，在后续的 PLS-DA 识别研究中直接使用原始光谱进行后续分析并建立识别模型。

2）PLS-DA 分类

使用 SIMCA 识别模型中的分组方式，60 组光谱的 45 组作为建模集，剩余 15 组作为验证集。

3 种水样 PLS-DA 分类的建模集和验证集数据见表 7-5 所列，由表 7-5 可以看出建模集中水样样本与其对应的分类变量之间的相关系数 r 均较高，最大的为老窑水的 0.997，其后依次为冲积层水的 0.991 和砂岩水 0.987，验证集中相关系数 r 相对皆有所降低，但最小的砂岩水其相关系数 r 也达到了 0.979；均方根误差的实验结果则较小，符合分类建模要求，建模集中的 *RMSECV* 老窑水数值最低，为 0.037，其后依次为冲积层水的 0.065 和砂岩水 0.069，验证集中的 *RMSEP* 相对皆有所增加，但也呈现出相同特征，即老窑水数值最低，其后依次为冲积层水和砂岩水。两类参数表明 PLS-DA 判别模型具备较佳的拟合度。

表 7-5 PLS-DA 模型的建模集与验证集结果

		老窑水	冲积层水	砂岩水
建模集	r	0.997	0.991	0.987
	$RMSECV$	0.037	0.065	0.069
	$Bias$	2.14×10^{-8}	-3.72×10^{-8}	6.59×10^{-8}
	正确率/%	100	100	100
验证集	r	0.994	0.981	0.979
	$RMSEP$	0.062	0.093	0.151
	$Bias$	1.81×10^{-4}	-2.52×10^{-4}	7.67×10^{-4}
	正确率/%	100	100	100

图 7-6 是本次实验的不同种类水样分类矢量的 PLS 预测值和真实值的回归曲线图，分别对应老窑水、冲积层水和砂岩水。根据图 7-6（a）可发现，老窑水样本的预测值较为集中地出现在 1 上下，冲积层水和砂岩水样本的预测值则较为集中地出现在 0 上下；根据图 7-6（b）可发现，冲积层水样本的预测值较为集中地出现在 1 上下，老窑水和砂岩水样本的预测值则较为集中地出现在 0 上下；根据图 7-6（c）可发现，砂岩水样本的预测值较为集中地出现在 1 上下，老窑水和冲积层水样本的预测值则较为集中地出现在 0 上下。每幅图皆可清晰地分辨出对应水样和其他水样，这也说明 PLS-DA 模型可以对大同燕子山煤矿的水样进行水样的水源识别，且具有较佳的预测精度。

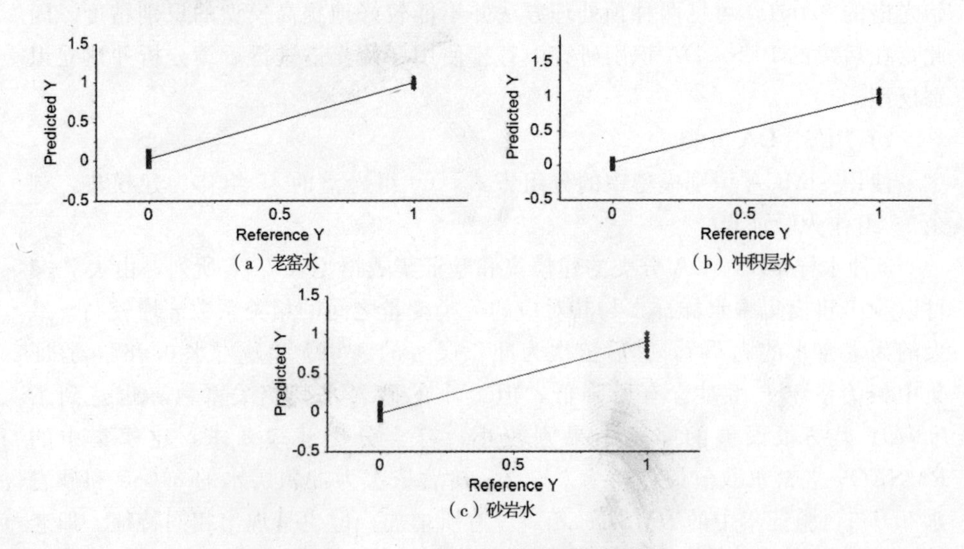

（a）老窑水　（b）冲积层水　（c）砂岩水

图 7-6 PLS-DA 模型回归曲线图

为验证所建立 PLS - DA 模型的准确度，利用验证集中 3 种水样的 15 个样本进行分类识别。实验结果如图 7 - 7 所示，见表 7 - 6 所列。由图 7 - 7（a）和表 7 - 6（a）可以看出老窑水样本的预测值较为集中地出现在 1 上下，偏差范围为 0.0487～0.0418，冲积层水和砂岩水样本的预测值则较为集中地出现在 0 上下，偏差范围为 0.0409～0.0501；由图 7 - 7（b）和表 7 - 6（b）可以看出冲积层水样本的预测值较为集中地出现在 1 上下，偏差范围为 0.0695～0.0805，老窑水和砂岩水样本的预测值则较为集中地出现在 0 上下，偏差范围为 0.0687～0.0808；由图 7 - 7（c）和表 7 - 6（c）可以看出砂岩水样本的预测值较为集中地出现在 1 上下，偏差范围为 0.1229～0.1276，老窑水和冲积层样本的预测值则较为集中地出现在 0 上下，偏差范围为 0.1189～0.1307。依据 PLS - DA 建模的识别准则，由图 7 - 7（a）可见验证集样本中的老窑水都可被准确识别，而冲积层水和砂岩水样本则没有老窑水的特征；由图 7 - 7（b）可见验证集样本中的冲积层水都可被准确识别，而老窑水和砂岩水样本则没有冲积层水的特征；由图 7 - 7（c）可见验证集样本中的砂岩水都可被准确识别，而老窑水和冲积层水样本则没有砂岩水的特征，所建立的 PLS - DA 模型对 3 种水样的识别正确率皆达到了 100%。

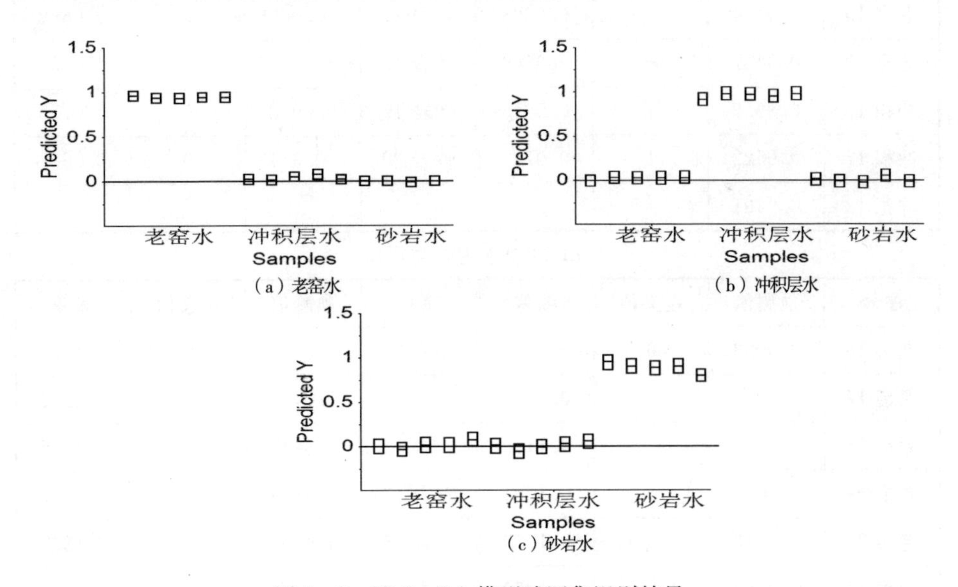

图 7 - 7 PLS - DA 模型验证集识别结果

表 7 - 6 PLS - DA 模型对验证集未知样品的预测值及偏差结果

（a）老窑水为分类模型

序号	预测值	定义值	偏差	序号	预测值	定义值	偏差
老窑 16	0.9739	1	0.0487	冲积 19	0.0883	0	0.0493

（续表）

序号	预测值	定义值	偏差	序号	预测值	定义值	偏差
老窑 17	0.9521	1	0.0418	冲积 20	0.0361	0	0.0501
老窑 18	0.9438	1	0.0467	砂岩 16	－0.0017	0	0.0459
老窑 19	0.9495	1	0.0425	砂岩 17	－0.0079	0	0.0457
老窑 20	0.9421	1	0.0477	砂岩 18	0.0035	0	0.0482
冲积 16	0.0352	0	0.0461	砂岩 19	－0.0217	0	0.0409
冲积 17	0.0219	0	0.0465	砂岩 20	0.0107	0	0.0473
冲积 18	0.0725	0	0.0472				

(b) 冲积层水为分类模型

序号	预测值	定义值	偏差	序号	预测值	定义值	偏差
老窑 16	0.0048	0	0.0753	冲积 19	0.9283	1	0.0719
老窑 17	0.0529	0	0.0729	冲积 20	0.9424	1	0.0805
老窑 18	0.0461	0	0.0716	砂岩 16	0.0212	0	0.0727
老窑 19	0.0474	0	0.0808	砂岩 17	－0.0096	0	0.0698
老窑 20	0.0467	0	0.0769	砂岩 18	－0.0188	0	0.0731
冲积 16	0.8937	1	0.0715	砂岩 19	0.0978	0	0.0775
冲积 17	0.9522	1	0.0727	砂岩 20	－0.0113	0	0.0687
冲积 18	0.9491	1	0.0695				

(c) 砂岩水为分类模型

序号	预测值	定义值	偏差	序号	预测值	定义值	偏差
老窑 16	0.0053	0	0.1253	冲积 19	0.0379	0	0.1209
老窑 17	－0.0573	0	0.1189	冲积 20	0.0455	0	0.1232
老窑 18	0.0158	0	0.1193	砂岩 16	0.9426	1	0.1276
老窑 19	0.0087	0	0.1261	砂岩 17	0.9113	1	0.1257
老窑 20	0.1013	0	0.1229	砂岩 18	0.9106	1	0.1229
冲积 16	0.0186	0	0.1250	砂岩 19	0.9179	1	0.1268
冲积 17	－0.0873	0	0.1307	砂岩 20	0.8927	1	0.1254
冲积 18	－0.0152	0	0.1248				

根据得到的大同燕子山煤矿的老窑水、第四系冲积层水和煤系砂岩裂隙水3种水样样本的荧光光谱图，建立PLS－DA识别模型，最终实验表明3种水

样模型的建模集相关系数皆大于0.98，说明模型具有良好的拟合度，对于验证集样本的识别正确率皆达到了100%，说明LIF技术结合PLS-DA算法，可对大同燕子山煤矿的老窑水、第四系冲积层水和煤系砂岩裂隙水的类别进行有效的识别，且不需要进行相应的光谱预处理。

7.5 本章小结

（1）以大同燕子山煤矿含水层水样样本为实验对象进行水源快速识别模型的验证，分别采集了老窑水、第四系冲积层水和煤系砂岩裂隙水3种水样的荧光光谱数据。

（2）根据水样荧光光谱特征进行了光谱数据处理。为提高数据处理效率，进行了数据压缩，并采用Gaussian-Filter，Moving-Average算法进行光谱预处理。

（3）以大同燕子山煤矿的老窑水、冲积层和砂岩水作为实验对象，验证所建立SIMCA模型和PLS-DA模型的可行性。在SIMCA模型中，以全波段400～800nm荧光波段为分析波段，水样原始光谱经Moving-Average预处理，在主成分数为2时，分别建立了3种水样的SIMCA模型。结果表明，在显著性程度的情况下，对建模集样品进行识别，3种水样模型对水样样本的识别正确率皆达到了100%，对验证集中样本进行识别时，3种水样模型对水样样本的识别正确率也皆达到了100%，验证了LIF技术结合SIMCA模型可以用于煤矿水源的快速识别。在PLS-DA模型中，建立老窑水，冲积层和砂岩水的分类矢量表，利用水样原始光谱，根据PLS原理建立3种水样的PLS-DA模型，各模型建模集的识别正确率皆达到了100%，相关系数r依次达到了0.997，0.991，0.987，$RMSECV$依次达到了0.037，0.065，0.069；对验证集的识别正确率也皆达到了100%，$RMSEP$依次达到了0.062，0.093，0.151，3种水样模型对验证集本类水样样品的预测值皆在1附近，偏差依次为0.0487～0.0418，0.0695～0.0805，0.1229～0.1276，验证了LIF技术结合PLS-DA模型可以用于煤矿水源的快速识别。

（4）实验结果验证了SIMCA与PLS-DA建模在不同的光谱预处理方法的分析下皆可进行良好的水源快速识别，对于其他煤矿水样可进行模型的直接利用。

8 煤矿突水预警建模

8.1 建模思想

以建立的水源快速识别模型为基础，结合矿井突水实例，建立一种可用于井下的在线式突水预警模型。鉴于井下突水以某一类型水源为主，可能掺有少许其他水源，但是对荧光光谱影响不大，可以忽略，因此本模型建立主要用于某一种突水水源的快速识别预警。

图 8-1 中，我们假设某一煤矿正常涌水以砂岩水为主，除此之外存在 4 种隐患水源（灰岩水、冲积层水、奥灰水、老窑水），突水时出现两种水的混合。以正常涌水的砂岩水荧光光谱为正常涌水光谱，在有隐患水源进入时，其荧光光谱会出现变化，此时得到的荧光光谱即会与正常涌水的荧光光谱产生较大的欧氏距离，假设为 X（根据隐患水源危险级别或富水性程度，合理设计正常水样与隐患水样的混合比，使混合后四种水的荧光光谱欧氏距离相同，都达到 X），而不同隐患水源与正常水样混合时皆有可能达到这一数值，如图 8-1 中假设砂岩水与灰岩水、冲积层水、奥灰水、老窑水混合比例分别为 1∶1、3∶1、5∶1、7∶1（模型假设，具体比例待后续实际水样确定）时混合水荧光光谱与正常涌水荧光光谱的欧氏距离达到 X，只不过混合比例不同。因此只要将 LIF 系统放置于涌水点，实时检测涌水处的荧光光谱，并计算欧氏距离，在欧氏距离达到 X 时即利用建立的水源快速识别模型实时判别，即可获知到底是何种隐患水源出现，进而实现突水预警。

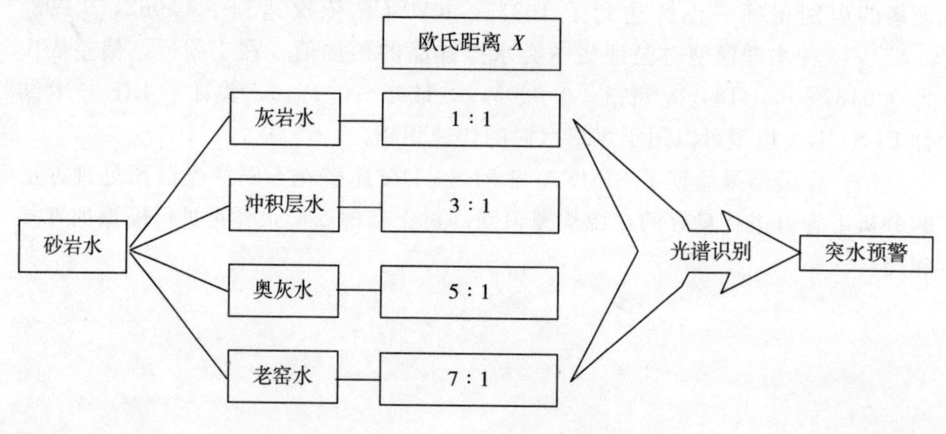

图 8-1 在线式水源快速识别模型

8.2 实验材料与方法

8.2.1 实验材料

鉴于本课题后期将在山西大同燕子山煤矿进行下井实验，因此使用燕子山煤矿水样进行本次实验建模。

我们以燕子山煤矿的砂岩水作为正常涌水水源，以老窑水和冲积层水源为隐患水样。根据光谱数据计算，燕子山煤矿的砂岩水与老窑水水样的平均欧氏距离为248322.4，砂岩水与冲积层水水样的平均欧氏距离为114516.1，我们假设当隐患水源冲积层水占比达到40%的时候为危险临界值，得到此时混合水的欧氏距离为45806.4，以此为危险临界欧氏距离，根据此值进行配比实验，计算出当隐患水源老窑水占比达到22%的时候，其欧氏距离也可达到45806.4。此时只需实时检测涌水点荧光光谱，计算欧氏距离，在达到此值时即刻进行光谱分析，即可识别涌水水源。鉴于实验条件有限，不能进行动态的实时监测，我们仅进行混合水静态识别。

将前期采集的水样样本分别进行冲积层水和砂岩水，老窑水和砂岩水的混合，使其占比分别达到40%和22%，各配置20个水样样本。

8.2.2 光谱采集

鉴于混合水样种类较少，我们加入砂岩水进行水源识别。实验时依次对于大同燕子山煤矿的2种混合水样：冲积层水&砂岩水和老窑水&砂岩水，以及一种正常水样：砂岩水。每种水样20个样本，共60个样本进行光谱采样。为保证激光仪器输出能量的稳定性，首先预热整个系统10分钟，而后进行水样荧光数据采集。为降低实验中由于人为操作等因素造成的随机误差，每个水样样本采样5次，取其算术平均值，得到60个水样的荧光光谱图，如图8-2所示。

由图8-2可看出3种水样的荧光光谱图差异明显，呈现出明显的类别趋势。3种水样的荧光光谱图整体光强最大的水样依旧是含有老窑水的砂岩水，其后依次为含冲积层水的砂岩水和纯砂岩水。这是因为老窑水里含有的荧光物质相对冲积层水和砂岩水较为丰富，而冲积层水里含有的荧光物质相对砂岩水又较为丰富，因此两种水虽然占比不多，但是荧光效果都有了显著提升。图中各混合水样波峰及波谷位置较原始的砂岩水并没有显著改变，但都向隐患水样的原始波形靠近。从整体荧光光谱图来看，3种水样的差异依旧主要集中在中间波段，在波形前后两端波形差异较小。

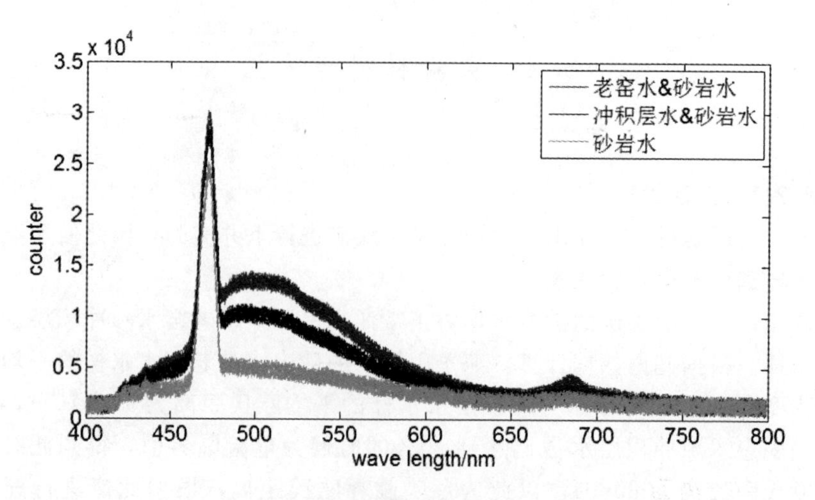

图 8-2 水样荧光光谱图

8.3 光谱数据处理

本次光谱预处理使用前两章认为较佳的两种光谱预处理算法，即 Gaussian-Filter 和 Moving-Average 算法，在进行光谱预处理前，我们仍对相邻的两数据求算术平均值，并保留，此时，光谱数据即从 801 个数据点降低至 401 个数据点。预处理后的荧光光谱图如图 8-3 和图 8-4 所示。

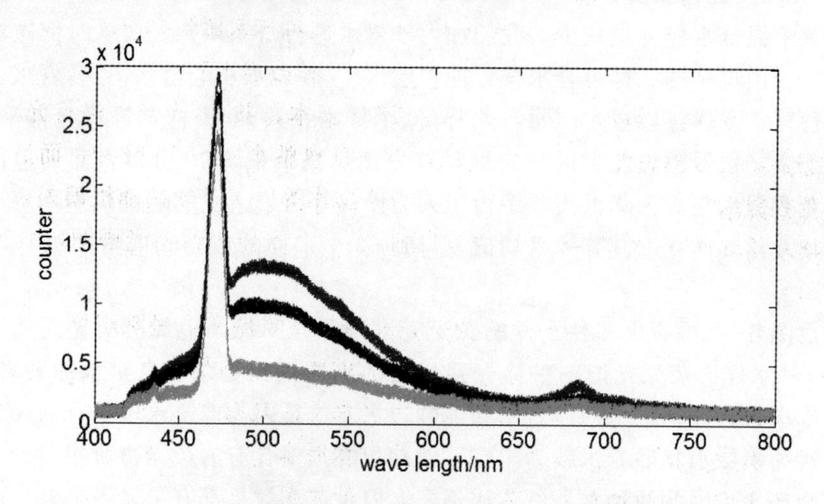

图 8-3 Gaussian-Filter 预处理光谱

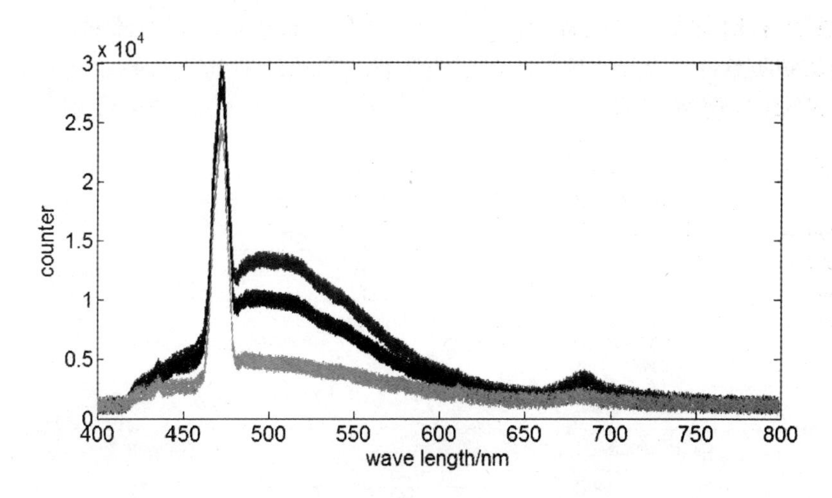

图 8-4 Moving-Average 预处理光谱

8.4 分类建模

根据前两章所确定的两种建模方法进行本节的数据分析，利用上节所述 2 种不同光谱预处理算法处理后的水样荧光光谱，加上未经光谱预处理的水样原始荧光光谱，共 3 种不同光谱进行后续的分类建模工作，分别使用 SIMCA 和 PLS-DA 这 2 类算法对 3 种水样的 3 种不同光谱预处理结果进行分类，最后分析比较验证各分类模型的可行性。

8.4.1 SIMCA 建模

1）PCA 分析

实验随机选取 3 种水样的各 15 个样本共 45 组水样作为建模集，分别建立每一类水样的 SIMCA 模型，剩余 3 种水样的各 5 个样本共 15 组水样作为验证集，验证本次所建水样识别模型的准确性。

分别对 3 种进行预处理后的水样荧光光谱和原始水样荧光光谱在 400～800nm 波段内进行主成分分析，鉴于 3 种光谱的第一主成分贡献度皆较大，因此统计前 7 个主成分的累积贡献度，如图 8-5 所示。由图 8-5（a）原始光谱的主成分数与累积贡献度关系图可以看出建模集第一主成分的贡献度极大，已达到 99.4257%，第一主成分与第二主成分的累积贡献度已达到 99.5715%，前 3 个主成分的累积贡献度为 99.6026%，主成分数继续增加，累积贡献度的涨幅已不明显；其余两幅图也是此种趋势，即所有光谱的前 2 个主成分的累积贡献度皆较高，超过 99%，第三主成分贡献度已不大，且相对于原始光谱的贡献度皆有微弱提升，随着主成分数继续增加，累积贡献度的涨幅已不明显。鉴于累积贡献度已符合 SIMCA 的建模条件，因此所有光谱选择主成分数为 2 进行 SIMCA 建模。

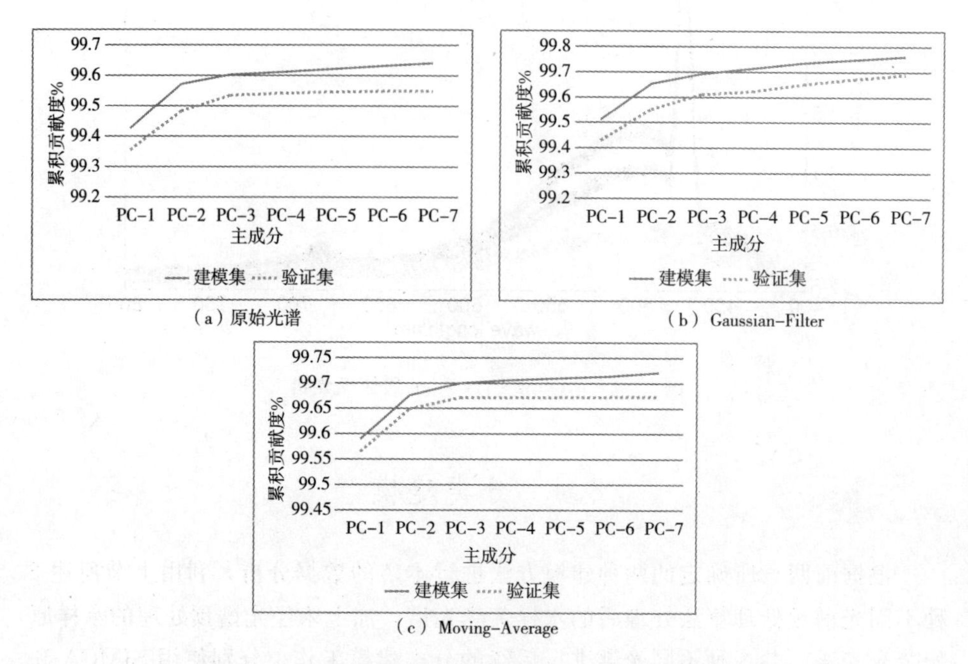

图 8-5　3 种光谱预处理的主成分数与累积贡献度关系图

图 8-6 为 3 种光谱建模集的第一主成分与第二主成分分布情况。由其中能够发现，3 类水样的聚类程度良好。比较每个图可发现，经 Gaussian-Filter 和 Moving-Average 预处理后的聚类效果稍好于原始光谱。

2）SIMCA 分类

利用 PCA 分析中的前两个主成分作为特征因子，在 $\alpha=5\%$时，对各集合样本进行 SIMCA 分类，表 8-1 即是建模集与验证集的相应识别结果。

根据表 8-1 能够发现，基于各种预处理的荧光光谱，辨识结果都较佳，只有原始光谱出现了 3 个误判（建模集的 2 个以及验证集的 1 个）；Gaussian-Filter 的建模集出现 1 个误判，验证集正确率为 100%；Moving-Average 无论建模集还是验证集正确率都达到了 100%。

由表 8-2 可以看出，原始光谱的各水样模型相对其他预处理光谱间距普遍较小，间距平均值最大的为经过 Moving-Average 预处理后的水样模型，其后为经 Gaussian-Filter 预处理后的水样模型，因此综合来看大同燕子山煤矿的混合水样使用 Moving-Average 光谱预处理方法为本次 SIMCA 建模的较佳选择。

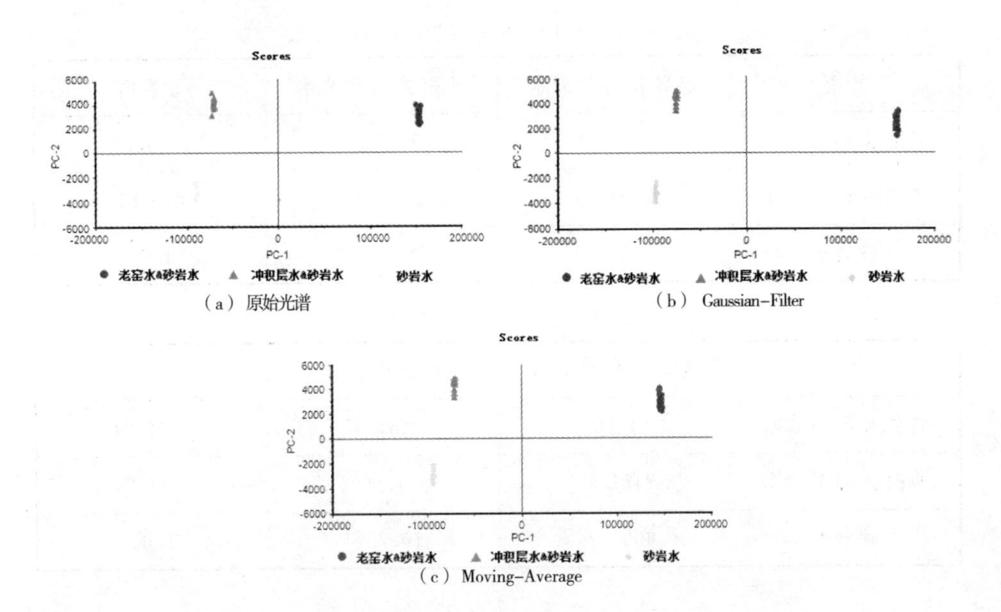

(a) 原始光谱
(b) Gaussian-Filter
(c) Moving-Average

图 8-6 不同预处理方法建模集第一主成分和第二主成分的得分图

利用 LIF 技术获取矿井 3 个含水层的水样荧光光谱图，利用光谱特征进行数据压缩，依据相关原理建立了 SIMCA 的水样识别模型，结果发现模型具有识别特性，对于验证集样本的识别正确率均为 100%，说明 LIF 技术结合 SIMCA 算法，经 Moving - Average 光谱预处理可对大同燕子山煤矿混合水样的类别进行有效的识别。

表 8-1 SIMCA 分类结果

预处理方法	建模集正确率	验证集正确率
原始光谱	(43/45) 95.56%	(14/15) 93.33%
Gaussian - Filter	(44/45) 97.78%	(15/15) 100%
Moving - Average	(45/45) 100%	(15/15) 100%

表 8-2 不同预处理建模的水样模型距离

(a) 原始光谱

距离	老窑水 & 砂岩水	冲积层 & 砂岩水	砂岩水
老窑水 & 砂岩水	1.00	936.15	1257.87
冲积层 & 砂岩水	936.15	1.00	621.31
砂岩水	1257.87	621.31	1.00

(b) Gaussian - Filter

距离	老窑水 & 砂岩水	冲积层 & 砂岩水	砂岩水
老窑水 & 砂岩水	1.00	1361.64	1914.39
冲积层 & 砂岩水	1361.64	1.00	845.81
砂岩水	1914.39	845.81	1.00

(c) Moving - Average

距离	老窑水 & 砂岩水	冲积层 & 砂岩水	砂岩水
老窑水 & 砂岩水	1.00	2161.45	4091.21
冲积层 & 砂岩水	2161.45	1.00	1087.74
砂岩水	4091.21	1087.74	1.00

8.4.2 PLS - DA 建模

根据 PLS - DA 建模原理，建立水样分类矢量与光谱数据两者之间的回归分析模型。首先对水样进行分类矢量的赋值，分类结果见表 8 - 3 所列。

根据前两章的实验结论，不再进行预处理方法的比较，直接使用原始光谱进行识别验证。使用 SIMCA 识别模型中的分组方式，60 组光谱的 45 组作为建模集，剩余 15 组作为验证集。

表 8 - 3　3 种水样分类矢量表

水样类别	老窑水 & 砂岩水	冲积层 & 砂岩水	砂岩水
分类变量	[1 0 0]	[0 1 0]	[0 0 1]

3 种水样 PLS - DA 分类的建模集和验证集数据见表 8 - 4 所列，由表 8 - 4 可以看出建模集中水样样本与其对应的分类变量之间的相关系数 r 均较高，最大的为老窑水 & 砂岩水的 0.992，其后依次为冲积层水的 0.989 和砂岩水 0.985，验证集中相关系数 r 相对皆有所降低，但最小的砂岩水其相关系数 r 也达到了 0.967；均方根误差的实验结果则较小，符合分类建模要求，建模集中的 *RMSECV* 老窑水数值最低，为 0.041，其后其后依次为冲积层水的 0.073 和砂岩水 0.087，验证集中的 *RMSEP* 相对皆有所增加，但也呈现出相同特征，即老窑水数值最低，其后依次为冲积层水和砂岩水。两类参数表明 PLS - DA 判别模型具备较佳的拟合度。

表 7-4 PLS-DA 模型建模集及验证集结果

		老窑水 & 砂岩水	冲积层水 & 砂岩水	砂岩水
建模集	*r*	0.992	0.989	0.985
	RMSECV	0.041	0.073	0.087
	Bias	4.27×10^{-8}	1.76×10^{-8}	5.78×10^{-8}
	正确率/%	100	100	100
验证集	*r*	0.987	0.973	0.967
	RMSEP	0.075	0.108	0.197
	Bias	2.35×10^{-5}	3.47×10^{-4}	8.12×10^{-4}
	正确率/%	100	100	100

图 8-6 是本次实验的不同种类水样分类矢量的 PLS 预测值和真实值的回归曲线图，分别对应老窑水 & 砂岩水、冲积层水 & 砂岩水和砂岩水。根据图 8-7（a）可发现，老窑水 & 砂岩水样本的预测值较为集中地出现在 1 上下，冲积层水 & 砂岩水和砂岩水样本的预测值则较为集中地出现在 0 上下；根据图 8-7（b）可发现，冲积层水 & 砂岩水样本的预测值较为集中地出现在 1 上下，老窑水 & 砂岩水和砂岩水样本的预测值则较为集中地出现在 0 上下；根据图 8-7（c）可发现，砂岩水样本的预测值较为集中地出现在 1 上下，老窑水 & 砂岩水和冲积层水 & 砂岩水样本的预测值则较为集中地出现在 0 上下。每幅图皆可清晰地分辨出对应水样和其他水样，这也说明 PLS-DA 模型可以对大同燕子山煤矿的水样进行水样的水源识别，且具有较佳的预测精度。

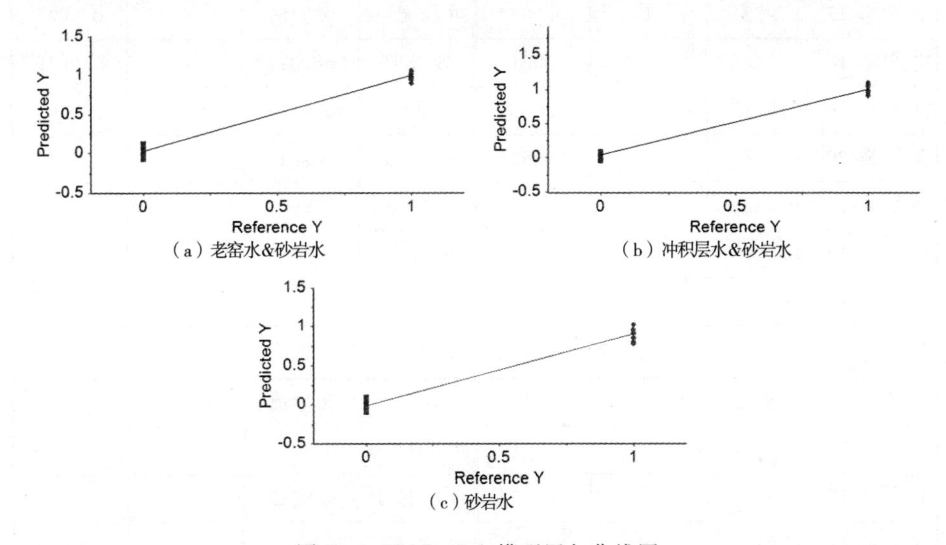

图 8-7 PLS-DA 模型回归曲线图

为验证所建立的 PLS－DA 模型的准确度，利用验证集中 3 种水样的 15 个样本进行分类识别。实验结果见表 8－5 所列。由表 8－5（a）可以看出老窑水 & 砂岩水样本的预测值较为集中地出现在 1 上下，偏差范围为 0.0591～0.0674，冲积层水 & 砂岩水和砂岩水样本的预测值则较为集中地出现在 0 上下，偏差范围为 0.0606～0.0717；由表 8－5（b）可以看出冲积层水 & 砂岩水样本的预测值较为集中地出现在 1 上下，偏差范围为 0.0627～0.0873，老窑水 & 砂岩水和砂岩水样本的预测值则较为集中地出现在 0 上下，偏差范围为 0.0653～0.0907；由表 8－5（c）可以看出砂岩水水样本的预测值较为集中地出现在 1 上下，偏差范围为 0.1281～0.1459，老窑水 & 砂岩水和冲积层水 & 砂岩水样本的预测值则较为集中地出现在 0 上下，偏差范围为 0.1137～0.1519。依据 PLS－DA 建模的识别准则，由表 8－5（a）可见验证集样本中的老窑水 & 砂岩水都可被准确识别，而冲积层水 & 砂岩水和砂岩水样本则没有老窑水的特征；由表 8－5（b）可见验证集样本中的冲积层水 & 砂岩水都可被准确识别，而老窑水 & 砂岩水和砂岩水样本则没有冲积层水 & 砂岩水的特征；由表 8－5（c）可见验证集样本中的砂岩水都可被准确识别，而老窑水 & 砂岩水和冲积层水 & 砂岩水样本则没有砂岩水的特征，所建立的 PLS－DA 模型对 3 种水样的识别正确率皆达到了 100%。

表 8－5　PLS－DA 模型对验证集未知样品的预测值及偏差结果

（a）老窑水 & 砂岩水为分类模型

序号	预测值	定义值	偏差	序号	预测值	定义值	偏差
窑 & 砂 16	1.0005	1	0.0643	冲 & 砂 16	−0.0298	0	0.0717
窑 & 砂 17	0.9521	1	0.0674	冲 & 砂 17	0.0451	0	0.0641
窑 & 砂 18	0.9468	1	0.0617	砂岩 16	−0.0142	0	0.0619
窑 & 砂 19	0.9717	1	0.0629	砂岩 17	0.0713	0	0.0606
窑 & 砂 20	0.9588	1	0.0591	砂岩 18	−0.0161	0	0.0617
冲 & 砂 16	0.0328	0	0.0638	砂岩 19	0.0373	0	0.0608
冲 & 砂 17	0.0465	0	0.0646	砂岩 20	0.0209	0	0.0619
冲 & 砂 18	−0.0317	0	0.0627				

（b）冲积层水 & 砂岩水为分类模型

序号	预测值	定义值	偏差	序号	预测值	定义值	偏差
窑 & 砂 16	0.0531	0	0.0819	冲 & 砂 16	0.9775	1	0.0854
窑 & 砂 17	0.9356	0	0.0778	冲 & 砂 17	0.8729	1	0.0627
窑 & 砂 18	0.9336	0	0.0827	砂岩 16	−0.009	0	0.0679

（续表）

序号	预测值	定义值	偏差	序号	预测值	定义值	偏差
窑&砂19	0.9675	0	0.0653	砂岩17	−0.0425	0	0.0862
窑&砂20	0.9430	0	0.0625	砂岩18	−0.0010	0	0.0745
冲&砂16	0.9165	1	0.0795	砂岩19	−0.0217	0	0.0907
冲&砂17	0.8579	1	0.0873	砂岩20	−0.0772	0	0.0763
冲&砂18	0.9512	1	0.0812				

（c）砂岩水为分类模型

序号	预测值	定义值	偏差	序号	预测值	定义值	偏差
窑&砂16	−0.0162	0	0.1334	冲&砂16	0.0626	0	0.1519
窑&砂17	0.0356	0	0.1197	冲&砂17	−0.0313	0	0.1381
窑&砂18	0.0336	0	0.1137	砂岩16	0.9987	1	0.1379
窑&砂19	0.0675	0	0.1269	砂岩17	0.8927	1	0.1281
窑&砂20	−0.0430	0	0.1463	砂岩18	1.1062	1	0.1448
冲&砂16	−0.0568	0	0.1124	砂岩19	0.8709	1	0.1413
冲&砂17	−0.0142	0	0.1349	砂岩20	0.9661	1	0.1459
冲&砂18	0.0453	0	0.1397				

根据得到的大同燕子山煤矿的老窑水、第四系冲积层水和煤系砂岩裂隙水3种水样样本的荧光光谱图，建立PLS-DA识别模型，最终实验表明3种水样模型的建模集相关系数皆大于0.98，说明模型具有良好的拟合度，对于验证集样本的识别正确率皆达到了100%，说明LIF技术结合PLS-DA算法，可对大同燕子山煤矿的老窑水、第四系冲积层水和煤系砂岩裂隙水的类别进行有效的识别，且不需要进行相应的光谱预处理。

8.5 本章小结

（1）设计了一种可用于井下的在线式突水预警模型，可实时识别水源类别，判断是否有隐患水样进入，进而进行突水预警。

（2）以大同燕子山煤矿的砂岩水作为正常涌水水源，以老窑水和冲积层水源为隐患水样。根据光谱数据计算，以隐患水源冲积层水占比正常水源体积比例达到40%的时候为危险临界值，得到此时混合水的欧氏距离为45806.4，以此为危险临界欧氏距离，根据此值进行配比，此时隐患水源老窑水占比正常水源体积比例达到22%。根据上述比例进行了水样混合，并依据建立的SIMCA模型和PLS-DA模型进行冲积层水&砂岩水和老窑水&砂岩水，以及一种正常水样砂岩水的水样快速识别。实验发现，在SIMCA模型中，以全波段400～800nm荧光波段为分析波段，水样原始光谱经Moving-Average预处理，在主成分数为2时，分别建立了3种水样的SIMCA模型。结果表明，在显著性程度的情况下，对建模集样品进行识别，3种水样模型对水样样本的识别正确率皆达到了100%，对验证集中样本进行识别时，3种水样模型对水样样本的识别正确率也皆达到了100%，证明了LIF技术结合SIMCA模型用于突水预警模型的可行性。在PLS-DA模型中，建立3种水样的分类矢量表，利用水样原始光谱，根据PLS原理建立3种水样的PLS-DA模型，各模型建模集的识别正确率皆达到了100%，相关系数 r 依次达到了0.992，0.989，0.985，*RMSECV* 依次达到了0.041，0.073，0.087；对验证集的识别正确率也皆达到了100%，*RMSEP* 依次达到了0.075，0.108，0.197，3种水样模型对验证集本类水样样品的预测值皆在1附近，偏差依次为0.0591～0.0674，0.0627～0.0873，0.1281～0.1459，证明了LIF技术结合PLS-DA模型用于突水预警的可行性。

9 总结及展望

9.1 总 结

本书在“十二五”国家科技支撑计划子课题“矿井突水重大灾害实时监测预警技术”项目（编号 2013BAK06B01）的资助下，在构建激光诱导水样荧光采集系统的基础上，提出一种全新的用于煤矿水源快速识别的方法，此方法不同于以往的水化学方法，采用激光诱导荧光技术，以煤矿不同含水层水源作为研究对象，通过获取煤矿不同含水层水源的荧光光谱信息，建立突水水源的光谱数据库，并以此为依据，构建突水水源的快速识别模型。实验以淮南新集一矿的奥灰水、老窑水、冲积层水、砂岩水和灰岩水，大同燕子山煤矿的老窑水、冲积层水和砂岩水为实验对象，利用 LIF 技术、光谱预处理技术和光谱模式识别原理，进行了水源的快速识别模型研究，并在此基础上提出了一种可用于井下的突水预警模型。整套系统在数据库完备的情况下，仅需数秒即可完成水源的快速识别，为进一步地开发基于激光诱导荧光技术的煤矿突水水源快速识别模型奠定理论和技术基础，从而实现煤矿的安全生产以及为突水灾后救援提供快速判别依据。本书的主要研究成果和结论如下。

（1）根据光学原理和煤矿特征，构建了适用于煤矿特征的激光诱导荧光水源快速识别系统，设计了相应的本安电源，开发了煤矿水源快速识别软件。

（2）以淮南新集一矿的奥灰水、老窑水、冲积层水、砂岩水和灰岩水作为实验对象，建立了水源快速识别的 SIMCA 模型和 PLS - DA 模型。在 SIMCA 模型中，以在 420～670nm 荧光波段为分析波段，水样原始光谱经 Gaussian - Filter 预处理，在主成分数为 2 时，分别建立了 5 种水样的 SIMCA 模型。结果表明，在显著性程度 $\alpha=5\%$的情况下，对建模集样品进行识别，5 种水样模型对水样样本的识别正确率皆达到了 100%，对验证集中样本进行识别时，5 种水样模型对水样样本的识别正确率也皆达到了 100%，表明 LIF 技术结合 SIMCA 模型可以用于淮南新集一矿水源的快速识别。在 PLS - DA 模型中，建立奥灰水、老窑水、冲积层水、砂岩水和灰岩水的分类矢量表，利用水样原始光谱，根据 PLS 原理建立 5 种水样的 PLS - DA 模型，各模型建模集的识别正确率皆达到了 100%，相关系数 r 依次达到了 0.976，0.996，0.982，0.971，0.993，*RMSECV* 依次达到了 0.087，0.040，0.073，0.079，0.047；对验证集的识别正确率也皆达到了 100%，*RMSEP* 依次达到了 0.116，

0.054，0.089，0.123，0.061，5种水样模型对验证集本类水样样品的预测值皆在1附近，偏差依次为0.0844～0.0884，0.0553～0.0571，0.1117～0.1425，0.1689～0.1718，0.0709～0.0754，表明LIF技术结合PLS-DA模型可以用于淮南新集一矿水源的快速识别。

（3）以大同燕子山煤矿的老窑水，冲积层和砂岩水作为实验对象，验证所建立SIMCA模型和PLS-DA模型的可行性。在SIMCA模型中，以全波段400～800nm荧光波段为分析波段，水样原始光谱经Moving-Average预处理，在主成分数为2时，分别建立了3种水样的SIMCA模型。结果表明，在显著性程度$\alpha=5\%$的情况下，对建模集样品进行识别，3种水样模型对水样样本的识别正确率皆达到了100%，对验证集中样本进行识别时，3种水样模型对水样样本的识别正确率也皆达到了100%，验证了LIF技术结合SIMCA模型可以用于煤矿水源的快速识别。在PLS-DA模型中，建立老窑水，冲积层和砂岩水的分类矢量表，利用水样原始光谱，根据PLS原理建立3种水样的PLS-DA模型，各模型建模集的识别正确率皆达到了100%，相关系数r依次达到了0.997，0.991，0.987，*RMSECV*依次达到了0.037，0.065，0.069；对验证集的识别正确率也皆达到了100%，*RMSEP*依次达到了0.062，0.093，0.151，3种水样模型对验证集本类水样样品的预测值皆在1附近，偏差依次为0.0487～0.0418，0.0695～0.0805，0.1229～0.1276，验证了LIF技术结合PLS-DA模型可以用于煤矿水源的快速识别。

（4）以建立的水源快速识别模型为基础，结合矿井突水实例，建立一种可用于井下的在线突水预警模型。以正常涌水的砂岩水荧光光谱为正常涌水光谱，在有隐患水源进入时，其荧光光谱会出现变化，此时得到的荧光光谱即会与正常涌水的荧光光谱产生较大的欧氏距离，合理设计正常水样与隐患水样的混合比，使混合后四种水的荧光光谱欧氏距离相同，而不同隐患水源与正常水样混合时皆可达到这一数值。因此只要将LIF系统放置于涌水点，实时检测涌水处的荧光光谱，并计算欧氏距离，在欧氏距离达到临界时即利用建立的水源快速识别模型实时判别，即可获知到底是何种隐患水源出现，进而实现突水预警。

以大同燕子山煤矿的砂岩水作为正常涌水水源，以老窑水和冲积层水源为隐患水样。根据光谱数据计算，以隐患水源冲积层水占比正常水源体积比例达到40%的时候为危险临界值，得到此时混合水的欧氏距离为45806.4，以此为危险临界欧氏距离，根据此值进行配比，此时隐患水源老窑水占比正常水源体积比例达到22%。根据上述比例进行了水样混合，并依据建立的SIMCA模型和PLS-DA模型进行冲积层水&砂岩水和老窑水&砂岩水，以及一种正常水样砂岩水的水样快速识别。实验发现，在SIMCA模型中，以全波段400～800nm荧光波段为分析波段，水样原始光谱经Moving-Average预处理，在主成分数为 2 时，分别建立了 3 种水样的 SIMCA 模型。结果表明，在显著性程度 $\alpha=5\%$的情况下，对建模集样品进行识别，3 种水样模型对水样样本的识别正确率皆达到了 100%，对验证集中样本进行识别时，3 种水样模型对水样样本的识别正确率也皆达到了 100%，证明了 LIF 技术结合 SIMCA 模型用于井下线上式水源快速识别预警模型的可行性。在 PLS-DA 模型中，建立 3 种水样的分类矢量表，利用水样原始光谱，根据 PLS 原理建立 3 种水样的 PLS-DA 模型，各模型建模集的识别正确率皆达到了 100%，相关系数 r 依次达到了 0.992，0.989，0.985，*RMSECV* 依次达到了 0.041，0.073，0.087；对验证集的识别正确率也皆达到了 100%，*RMSEP* 依次达到了 0.075，0.108，0.197，3 种水样模型对验证集本类水样样品的预测值皆在 1 附近，偏差依次为 0.0591～0.0674，0.0627～0.0873，0.1281～0.1459，证明了 LIF 技术结合 PLS-DA 模型用于突水预警的可行性。

(5) 对比建立的 SIMCA 模型和 PLS-DA 模型对煤矿水源的识别结果，发现两者皆可以进行较佳的水源识别，但是相对而言 PLS-DA 模型可体现出更高的判别能力，且无须进行光谱预处理，步骤相对简化。

9.2 展望

本书使用 LIF 技术结合 SIMCA 模型和 PLS-DA 模型，建立了一种有别于传统水化学方法的水源快速识别系统，并提出了一种可用于井下的在线突水预警模型。结果表明 LIF 技术结合 SIMCA 模型和 PLS-DA 模型可用于煤矿水源识别，为解决煤矿水源识别提供了一种新思路。但是由于研究问题的复杂性，实验工作量庞大，以及作者认知水平上的限制，研究尚存在诸多不足，有待在以下几个方面进一步努力：

基于 LIF 技术的煤矿水源识别模型需大量的代表性煤矿含水层水样做基础，要求长时间的数据累积，以使模型具有较佳的适应性和可靠性。本书仅对淮南新集一矿的 5 种水样，大同燕子山煤矿的 3 种水样进行了初步讨论，因此在后续的实验中，应不断扩展研究的煤矿地域以及含水层水样类别，完善模型数据库。

提出了一种可用于井下的在线突水预警模型，但仅进行了 2 种水的混合识别，在后续的研究中可考虑进行 3 种和 3 种以上水的混合，并建立混合水的定量分析模型，使得预警模型的建立更具有应用价值。

鉴于常规的水化学方法已积累了较多经验，实际分析中可加入能够在线式测量的 pH 值、电导率进行综合的水源识别研究，在井下实际应用中加入涌水量、水压的监测，根据多种参数进行突水预警研究。

参考文献

[1] 钱伯章，李敏．能源需求放缓供需呈“结构性”变化——2015年BP世界能源统计报告综述［J］．中国石油和化工经济分析，2015（8）：30－35.

[2] 胡敏．英国石油集团（BP）正式发布《BP 2035世界能源展望》（2015版）中国专题报告［J］．炼油技术与工程，2015（6）：55－55.

[3] 董书宁．对中国煤矿水害频发的几个关键科学问题的探讨［J］．煤炭学报，2010（1）：66－71.

[4] 陈涛．浅析坑柄煤矿水害类型及其防治对策［J］．Energy and Environment，2011（1）：94－95.

[5] 施龙青．底板突水机理及预测预报［M］．徐州：中国矿业大学出版社，2004.

[6] 朱阎，武雄，李平虎，等．黄土地区煤矿地表水防排水研究［J］．煤炭学报，2014，39（7）：1354－1360.

[7] 关秋红．新庄孜井田地下水化学特征及突水水源快速判别模型［D］．合肥：合肥工业大学，2009.

[8] 李术才，王汉鹏，钱七虎，等．深部巷道围岩分区破裂化现象现场监测研究［J］．岩石力学与工程学报，2008，27（8）：1545－1553.

[9] 张元富，董崇远．深井开采供电、提升、排水系统装备可靠性关键技术研究与应用［C］//全国煤矿千米深井开采技术．2013.

[10] 汪敏华，丁同福．朱集矿副井井筒含水层涌水特征及治理对策［J］．煤炭科学技术，2012，40（11）：103－107.

[11] 张农，李希勇，郑西贵，等．深部煤炭资源开采现状与技术挑战［C］//全国煤矿千米深井开采技术．2013.

[12] 张淦星，杨胜强，展勇，等．千米深井复杂地质条件下煤层瓦斯压力测定［J］．矿业安全与环保，2015，3：71－73.

[13] 鲁金涛．基于PCA-MSA的矿井突水水源判别算法研究［D］．长沙：中南大学，2013.

[14] 魏久传，肖乐乐，牛超，等．2001—2013年中国矿井水害事故相关性因素特征分析［J］．中国科技论文，2015，10（3）：336－341.

[15] Christopher H Gammons，Simon R Poulson，Damon A Pellicori. The hydrogen and oxygen isotopic composition of precipitation，evaporated mine water，and river in Montana，USA［J］．Journal of Hydrology，2006：328，319－330.

[16] 隋海波，程久龙．矿井工作面底板突水安全预警系统构建研究［J］．矿业安全与环保，2009，36（1）：58－60.

[17] 黄丹．基于水化学特征的相似矿区突水水源识别研究［D］．焦作：河南理工大学，2009.

[18] 聂荣花．基于GIS的矿井突水水源识别算法研究［D］．西安：西安科技大学，2011.

[19] 魏红霞．煤矿井下多参数突水信息的动态评价方法及系统设计［D］．太原：太原理工大学，2010.

[20] 魏军，题正义．灰色聚类评估在煤矿突水预测中的应用［J］．辽宁工程技术大学学报：自然科学版，2006（S2）：44－46.

[21] 聂梦雅．基于激光光谱技术的煤矿突水水源判识研究［D］．淮南：安徽理工大学，2015.

[22] Huang H，Wang C，Bai H，et al. Water protection in the western semiarid coal mining regions of China：A case study［J］. Journal of China University of Mining & Technology，2012，22（5）：719－723.

[23] Wang Yi，Yang Weifeng，Li Ming. Risk assessment of floor water inrush in coal mines based on secondary fuzzy comprehensive evaluation［J］. International Journal of Rock Mechanics and Mining Sciences，2012（52）：50－55.

[24] Gong Fengqiang，Fu Zhentao，Lu Jintao. Headstream identification of mine water－inrushsource based on multivariate discriminant analysis method［J］. Disaster Advances，2013，6（3）：444－450.

[25] 杨海军，王广才．煤矿突水水源判别与水量预测方法综述［J］．煤田地质与勘探，2012，40（3）：48－54.

[26] A I Gavrishin，A Coradini. The origin and the formation laws of groundwater and mine water chemistry in the Eastern Donets Basin［J］. Water Resources，2009，5：538－547.

[27] 毛候民．瞬变电磁探水技术在勘探煤矿水中的应用实践［J］．煤炭与化工，2015（2）：17－18.

[28] 刘树才．煤矿底板突水机理及破坏裂隙带演化动态探测技术［D］．徐州：中国矿业大学，2008.

[29] 张立海，张业成．中国煤矿突水灾害特点与发生条件［J］．中国矿业，2008，17（2）：44－46.

[30] SS. Peng. Coal Mine Ground Control（3rdedition）［M］. Printed inthe United States of America，2008.

[31] 王自学．徐庄煤矿深部采区8煤底板突水危险性分析及防治［D］．淮南：安徽理工大学，2010.

[32] 王经明，董书宁，刘其声．煤矿突水灾害的预警原理及其应用［J］．煤田地质与勘探，2005，33（z1）：1－4.

[33] 杨本水，杨永林，赵传宏．祁东煤矿突水灾害的综合分析与快速治理技术［J］．煤炭科学技术，2004，32（3）：36－38.

[34] 张文泉．矿井（底板）突水灾害的动态机理及综合判测和预报软件开发研究［D］．济南：山东科技大学，2004.

[35] 李博，武强．煤层底板突水变权脆弱性评价模型参数灵敏度分析［J］．采矿与安全工程学报，2015，32（6）：911－917.

[36] 魏红霞．煤矿井下多参数突水信息的动态评价方法及系统设计［D］．太原：太原理

工大学，2010.
[37] 邵良杉，徐波. 煤层底板突水危险性的PNN预测模型研究及应用［J］. 中国安全科学学报，2015，25（8）：93－98.
[38] 路拓，刘盛东，王勃. 综合矿井物探技术在含水断层探测中的应用［J］. 地球物理学进展，2015（3）：1371－1375.
[39] 贺克升，刘树才，李永铭，等. 煤矿水文瞬变电磁法数据处理软件开发及应用［J］. 工程地球物理学报，2009，6（6）：681－686.
[40] Zheng X. High Performance Mine Transient Electromagnetic System and Applications［J］. Open Fuels & EnergyScience Journal，2015，8（1）：155－160.
[41] Hu Xiongwu，Zhang Pingsong，Yan Jiaping，et al. Analysis on the interference experiment of bolt during advanced detection with mine transient electromagnetic method［J］. Journal of Coal Science and Engineering (China)，2013（3）：407－413.
[42] 吴超凡，邱占林，杨胜伦，等. 网络并行电法与传统电法超前探测效果对比［J］. 物探与化探，2015（1）：136－140.
[43] Mazur David C，Joseph Sottile，Thomas Novak. An Electrical Mine Monitoring System Utilizing the IEC 61850 Standard［J］. Industry Applications，IEEE Transactions on 51. 2 (2015)：1317－1325.
[44] 秦汝祥，陶远，唐明云，等. 近巷高温区域红外探测与反演［J］. 煤炭学报，2014，39（A01）：112－116.
[45] 程建远，马宝军. 美国煤矿老空区探测的经验与启示［J］. 中国安全生产科学技术，2014，10（S1）：224－228.
[46] Zia S，Romano G，Spreer W，et al. Infrared Thermal Imaging as a Rapid Tool for Identifying Water－Stress Tolerant Maize Genotypes of Different Phenology［J］. Journal of Agronomy & Crop Science，2013，199（2）：75－84.
[47] 梁庆华，吴燕清，宋劲，等. 探地雷达在煤巷掘进中超前探测试验研究［J］. 煤炭科学技术，2014（5）：91－94.
[48] 邵雁. 矿井综合物探技术在南方煤矿探测岩溶突水通道中的应用［J］. 中国煤炭地质，2009，21（7）：62－65.
[49] Olhoeft G R，Iii S S S. Automatic processing and modeling of GPR data for pavement thickness and properties［J］. Proceedings of SPIE － The International Society for Optical Engineering，2000，4084：188－193.
[50] 王鹤宇. 采空区地球物理勘探技术方法［C］//煤矿采空区地球物理勘查技术暨第五届工程物探疑难问题研讨会. 2012：34－39.
[51] 马栋栋，赵东力，赵修军，等. 安鹤煤田当中岗勘查区石炭—二叠系煤岩层对比研究［J］. 煤炭工程，2014（7）：103－106.
[52] 苏园鹏，张平松，吴荣新. 巷道围岩失水特征电磁法测试与分析［J］. 工程地球物理学报，2013，10（1）：21－23.
[53] 白继文，李术才，刘人太，等. 深部岩体断层滞后突水多场信息监测预警研究［J］. 岩石力学与工程学报，2015（11）：37－42.

[54] 刘志新，王明明．环工作面电磁法底板突水监测技术 [J]．煤炭学报，2015，40 (5)：1117－1125.
[55] 武强，张志龙，马积福．煤层底板突水评价的新型实用方法 I——主控指标体系的建设 [J]．煤炭学报，2007，32 (1)：42－47.
[56] 武强，张志龙，张生元，等．煤层底板突水评价的新型实用方法 II——脆弱性指数法 [J]．煤炭学报，2007，32 (12)：1301－1306.
[57] 王兰健，韩仁桥．水情监测预警系统在海下采煤中的应用 [J]．煤田地质与勘探，2006，34 (6)：54－56.
[58] 张雪英，成韶辉，李凤莲，等．基于 ArcGIS Engine 的矿井突水预警信息系统 [J]．煤矿安全，2014，45 (6)．
[59] 张亮，陶士西，李计良．基于 Labview 的矿井工作面突水预警系统构建研究 [J]．矿业安全与环保，2013 (3)：40－42.
[60] 贾明魁，姜福兴，尹永明，等．高精度微地震监测预警突水技术在演马庄矿的应用 [J]．煤矿安全，2011，42 (12)：93－95.
[61] 张雁，刘英锋，吕明达．煤矿突水监测预警系统中的关键技术 [J]．煤田地质与勘探，2012，40 (4)：60－62.
[62] 刘斌，李术才，聂利超，等．矿井突水灾变过程电阻率约束反演成像实时监测模拟研究 [J]．煤炭学报，2012，37 (10)：1722－1731.
[63] 白越，王经明．微震监测技术在煤矿突水监测中的应用 [J]．辽宁工程技术大学学报：自然科学版，2010，29 (4)：549－552.
[64] 梁德贤，翟培合，王莹．三维电法在矿井防治水害中的应用 [J]．工程地球物理学报，2012，09 (4)：385－389.
[65] 费明泽．井下高密度电法在矿井防治水的应用——以解决运煤通道底板下沉为例 [J]．中国煤炭地质，2014 (9)：78－80.
[66] 张存干，赵建国，屈永利，等．顶板老窑水危险源矿井直流电法探测技术与应用[J]．矿业安全与环保，2010，37 (1)：30－32.
[67] 刘超，张义平，齐飞，等．地面直流电法在煤矿防治水中的应用 [J]．矿业工程研究，2012，27 (3)：64－67.
[68] Chitsazan M，Heidari M& Ghobadi M. The Study of the Hydrogeological Setting of the Chamshir Dam Site with Special Emphasis On the Cause of Water Salinity in the Zohreh River Downstream From the Chamshir Dam (Southwest of Iran) [J]. Environmental Earth Sciences，2012，67 (6)：1605－1617.
[69] 刘剑民，王继仁，刘银朋，等．基于水化学分析的煤矿矿井突水水源判别 [J]．安全与环境学报，2015 (1)：38－46.
[70] 宫凤强，鲁金涛．基于主成分分析与距离判别分析法的突水水源识别方法 [J]．采矿与安全工程学报，2014 (2)：79－85.
[71] 张瑞钢，钱家忠，马雷，等．可拓识别方法在矿井突水水源判别中的应用 [J]．煤炭学报，2009 (1)：33－38.
[72] 阳富强，刘广宁，郭乐乐．矿井突水水源辨识的改进 SVM 和 GA－BP 神经网络模型

[J]．有色金属：矿山部分，2015，67（1）：87－91.

[73] 闫志刚，白海波．矿井涌水水源识别的MMH支持矢量机模型[J]．岩石力学与工程学报，2009，28（2）：324－329.

[74] 冯琳．基于EIM和FCE的矿井突水水源判别研究[D]．太原：太原理工大学，2015.

[75] M. Geobe. Investigations of water inrushes from aquifers under coal seams [J]. Rock Mechanics&Mining Sciences 2005 42（4）：350－360.

[76] 黄平华，陈建生．基于多元统计分析的矿井突水水源Fisher识别及混合模型[J]．煤炭学报，2011（S1）：131－136.

[77] Vincenzi V，Gargini A，Goldscheider N. Using tracer tests and hydrological observations to evaluate effects of tunnel drainage on groundwater and surface waters in the Northern Apennines（Italy） [J]. Hydrogeology Journal，2009，17（1）：135－150.

[78] 陈陆望，桂和荣，殷晓曦．深层地下水氢氧稳定同位素组成与水循环示踪[J]．煤炭学报，2008，33（10）：1107－1111.

[79] 苏彦丁，李淑燕，李建国．氡气放射性测量在煤矿采空区探测中的应用[J]．中国煤炭地质，2015，27（10）：70－75.

[80] Forte M，Bertolo A，D'Alberti F，et al. Standardized methods for measuring radionuclides in drinking water [J]. Journal of Radioanalytical & Nuclear Chemistry，2006，269（2）：397－401.

[81] Xue S，B. Dickson，Wu J. Application of ^{222}Rn technique to locate subsurface coal heatings in Australian coal mines [J]. International Journal of Coal Geology，2008，74（2）：139－144.

[82] C Ferry，P Richon，A Beneito，et al. An experimental method for measuring the radon－222 emanation factor in rocks [J]. Radiation Measurements，2002，35（6）：579－583.

[83] 张炜．覆岩采动裂隙及其含水性的氡气地表探测机理研究[D]．徐州：中国矿业大学，2012.

[84] 刘文明，桂和荣，孙雪芳，等．潘谢矿区矿井突水水源的QLT法判别[J]．中国煤炭，2001，27（5）：31－34.

[85] Ohlmacher G C，Davis J C. Using multiple logistic regression and GIS technology to predict landslide hazard in northeast Kansas，USA [J]. Engineering Geology，2003，69（s3－4）：331－343.

[86] Divi R S，Al－Ruwaih F. GIS and Geostatistical Assessment of Groundwater and Its Pollution in Kuwait [M] // Geostatistical and Geospatial Approaches for the Characterization of Natural Resources in the Environment. Springer International Publishing，2016.

[87] Zhao X，Ning S. The application of Web GIS technology in coal mine [J]. Computer Applications in the Minerals Industries，2008.

[88] 孙亚军，杨国勇，郑琳．基于 GIS 的矿井突水水源判别系统研究［J］．煤田地质与勘探，2007，35（2）：34－37.

[89] 马雷，钱家忠，赵卫东．基于 GIS 和水质水温的矿井突水水源快速判别［J］．煤田地质与勘探，2014（2）：49－53.

[90] Huhn C，Ruhaak L R，Mannhardt J，et al. Alignment of laser－induced fluorescence and mass spectrometric detection traces using electrophoretic mobility scaling in CE－LIF－MS of labeled N－glycans.［J］. Electrophoresis，2012，33（4）：563－566.

[91] Sharma R C，Kumar D，Kumar S，et al. Standoff Detection of Biomolecules by Ultraviolet Laser－Induced Fluorescence LIDAR［J］. IEEE Sensors Journal，2015，15（6）：3349－3352.

[92] Liu J，Reilly N J，Mason A，et al. Laser－Induced Fluorescence Spectroscopy of Jet－Cooled t－Butoxy［J］. Journal of Physical Chemistry A，2015.

[93] Hodáková J，Preisler J，Foret F，et al. Sensitive determination of glutathione in biological samples by capillary electrophoresis with green (515 nm) laser－induced fluorescence detection［J］. Journal of Chromatography A，2015，1391（1）：102－108.

[94] Hamatani S. Dispersed fluorescence spectra of jet－cooled benzophenone ketyl radical：Assignment of the low－frequency vibrationalmodes［J］. Studia Anglica Posnaniensia，2015，49（2）：83－103.

[95] Feroughi O M，Hardt S，Wlokas I，et al. Laser－based in situ measurement and simulation of gas－phase temperature and iron atom concentration in a pilot－plant nanoparticle synthesis reactor［J］. Proceedings of the Combustion Institute，2015，35（2）：2299－2306.

[96] 张鹏，刘海峰，陈贝凌，等．掺混含氧燃料的柴油替代物部分预混火焰中多环芳香烃的荧光光谱和碳烟浓度［J］．物理化学学报，2015（1）：32－40.

[97] 刘倩倩，王春艳，史晓凤，等．基于 RBF 神经网络的较低浓度下同步荧光光谱的溢油鉴别［J］．光谱学与光谱分析，2012，32（4）：1012－1015.

[98] 杨健，史硕，龚威氮，等．胁迫下水稻的激光诱导荧光光谱特性［J］．光谱学与光谱分析，2016，36（2）：537－540.

[99] 王啸宇，谭思超，李少丹，等．基于激光诱导荧光法的空泡份额测量［J］．原子能科学技术，2015（11）：2051－2056.

[100] 李宏斌，刘文清，张玉钧，等．激光诱导荧光水体污染遥测数据定量分析方法［J］．光学技术，2006，32（6）：941－943.

[101] 李再兴，张凤鸣，庞良，等．有关矿井突水水源判别方法的探讨［J］．地下水，2009，31（5）：16－20.

[102] 储婷婷．潘谢矿区地下水常规水化学分析及判别模型的建立［D］．合肥：中国科学技术大学，2014.

[103] 原伟强．焦村矿水文地质条件及二 1 煤底板突水危险性评价［D］．焦作：河南理工大学，2011.

[104] 张东方．基于多传感器信息融合的矿井透水水源识别研究［D］．徐州：中国矿业大

学，2014.

[105] 李静．黏性土弱透水层孔隙水地球化学特征及其环境指示［D］．武汉：中国地质大学，2014.

[106] 温廷新，张波，邵良杉．矿井突水水源识别的 QGA－LSSVM 模型［J］．中国安全科学学报，2014，24（7）：111－116.

[107] 刘德民，尹尚先，连会青．基于 MapObjects 与 GRNN 耦合的矿井充水水源识别方法研究［J］．煤炭工程，2014（8）：98－101.

[108] 秦成，梁庆华，潘磊，等．基于粗糙集理论的矿井突水水源快速识别［J］．矿业安全与环保，2014（6）：81－84.

[109] 李思达．朱仙庄矿主要含水层常规水化学研究及突水水源识别［D］．合肥：合肥工业大学，2012.

[110] 陆同兴．激光光谱技术原理及应用［M］．合肥：中国科学技术大学出版社，2009.

[111] Demtroeder W. Laser Spectroscopy－Basic Concepts and Instrumentation［M］// Laser spectroscopy：basic concepts and instrumentation. Springer－Verlag，1981.

[112] P. Ewart. Laser spectroscopy of atoms and molecules.［M］// Laser spectroscopy of atoms and molecules /. Springer－Verlag,，1976：141－147.

[113] R Srinivasan，RW Dreyfus.［M］// Laser Induced Fluorescence Studies on Ultraviolet Laser Ablation of Polymers. Springer－Verlag，2014.

[114] 王晶．用于检测活性氧自由基的荧光探针研制及其分析应用［D］．济南：山东师范大学，2006.

[115] 蒲法章．超氧阴离子自由基和过氧亚硝酸根离子荧光测定法的研究［D］．泰安：山东农业大学，2010.

[116] 梁锡辉，区伟能，任豪，等．激光诱导荧光检测技术［J］．激光与光电子学进展，2008，45（1）：65－72.

[117] 李钢．基于微流控芯片激光诱导荧光检测系统的研究与应用［D］．上海：华东师范大学，2010.

[118] 唐敏．激光诱导荧光检测芯片毛细管电泳分离蛋白质和多肽的研究［D］．杭州：浙江大学，2005.

[119] Han QJ，Wu H L，Cai C B，et al. An ensemble of Monte Carlo uninformative variable elimination for wavelength selection. Analytica chimica acta，2008，612（2）：121－125.

[120] 杨昊谕．基于叶绿素荧光光谱分析的植物生理信息检测技术研究［D］．长春：吉林大学，2010.

[121] Put R，Daszykowski M，Baczek T，et al. Retention prediction of peptides based on uninformative variable elimination by partial least squares. Journal of proteome research，2006，5（7）；1618－1625.

[122] Wu D，Chen X，Shi P，et al. Determination of a－linolenic acid and linoleic acid in edible oils using near－infrared spectroscopy improved by wavelet transform and uninformative variable elimination［J］. Analytica chimica acta，2009，634（2）：166

—171.

[123] Daszykowski M，Stanimirova I，Walczak B，et al. Improving QSAR models for the biological activity of HIV Reverse Transcriptase inhibitors; Aspects of outlier detection and uninformative variable elimination. Talanta，2005，68 (1)：54—60.

[124] 隋媛媛．基于叶绿素荧光光谱分析的温室黄瓜病虫害预警方法 [D]．长春：吉林大学，2012.

[125] Moros J，Kuligowski J，Quintds G，et al. New cut—off criterion for uninformative variable elimination in multivariate calibration of near—infrared spectra for the determination of heroin in illicit street drugs. Analytica chimica acta，2008，630 (2)：150—160.

[126] 张银，周孟然．近红外光谱分析技术的数据处理方法 [J]．红外技术，2007，29 (6)：345—348.

[127] 付银萍．基于 MUL 诱导荧光的水质分析仪的研究 [D]．上海：东华大学，2010.

[128] 邹兵．基于光谱学原理和 ARM 技术的温室西红柿长势研究和仪器开发 [D]．泰安：山东农业大学，2011.

[129] 李倩倩．无信息变量消除法在三种谱学方法中的定量分析研究 [D]．北京：中国农业大学，2014.

[130] 汪泊锦，黄敏，朱启兵，等．基于高光谱散射图像技术的 UVE—LLE 苹果粉质化分类 [J]．光子学报，2011，40 (8)：1132—1136.

[131] 刘伟．基于 Non—local means 的视频序列去噪 [D]．西安：西安电子科技大学，2009.

[132] 刘桂兰．轴承滚柱表面缺陷自动检测系统的研究 [D]．兰州：兰州理工大学，2009.

[133] 潘东杰．复杂条件下基于阈值分割的红外弱小目标检测和跟踪 [D]．西安：西安电子科技大学，2010.

[134] 王惠华，游福成，段怀锋，等．基于二值图像连通域提取的图像滤波方法 [J]．北京印刷学院学报，2015 (6)．

[135] 苏鑫．表面粗糙度测量数据采集与高斯滤波方法研究 [D]．哈尔滨：哈尔滨理工大学，2015.

[136] 唐良瑞，祁兵，杨雪，等．一种基于高斯滤波器的电能质量信号去噪算法 [J]．中国电机工程学报，2006，26 (10)：18—22.

[137] 王振华，窦丽华，陈杰．一种尺度自适应调整的高斯滤波器设计方法 [J]．光学技术，2007，33 (3)：395—397.

[138] 褚小立，袁洪福，陆婉珍．近红外分析中光谱预处理及波长选择方法进展与应用 [J]．化学进展，2004，16 (4)：528—542.

[139] 阮治纲，李彬．近红外光谱分析技术的原理及在中药材中的应用 [J]．药物分析杂志，2011 (2)：408—417.

[140] Bicciato S，Luchini A，Di B C. Marker identification and classification of cancer types using gene expression data and SIMCA. [J]．Journal of General Virology，2010，91 (2)：463—469.

[141] Stumpe B, Engel T, Steinweg B, et al. Application of PCA and SIMCA statistical analysis of FT－IR spectra for the classification and identification of different slag types with environmental origin. [J]. Environmental Science & Technology, 2012, 46 (7): 3964－3972.

[142] 陈全胜，赵杰文，张海东，等．SIMCA 模式识别方法在近红外光谱识别茶叶中的应用 [J]．食品科学，2006，27（4）：186－189.

[143] 杜文，易建华，谭新良，等．基于近红外光谱的烟叶 SIMCA 模式识别 [J]．中国烟草学报，2009，15（5）：1－5.

[144] 郝勇，孙旭东，高荣杰，等．基于可见/近红外光谱与 SIMCA 和 PLS－DA 的脐橙品种识别 [J]．农业工程学报，2010，26（12）：373－377.

[145] Mazivila S J, Gontijo L C, Santana F B D, et al. Fast Detection of Adulterants/Contaminants in Biodiesel/Diesel Blend (B5) Employing Mid－Infrared Spectroscopy and PLS－DA [J]. Energy & Fuels, 2015, 29 (1): 227－232.

[146] Lenhardt L, Bro R, Zekovi I, et al. Fluorescence spectroscopy coupled with PARAFAC and PLS DA for characterization and classification of honey [J]. Food Chemistry, 2015, 175: 284－291.

[147] 田野，王振南，侯华明，等．基于激光诱导击穿光谱的岩屑识别方法研究 [J]．光谱学与光谱分析，2012，32（8）：2027－2031.

[148] 卜凡军．KNN 算法的改进及其在文本分类中的应用 [D]．无锡：江南大学，2009.

[149] 葛军秀．A、B 位同价元素取代和烧结助剂对 KNN 基无铅压电陶瓷性能的影响[D]．上海：上海师范大学，2013.

[150] 程平言．不同香型、产地、等级白酒数字化分类方法学研究 [D]．无锡：江南大学，2013.

[151] Pang S, Ban T, Kadobayashi Y, et al. Personalized mode transductive spanning SVM classification tree [J]. Information Sciences, 2015, 181 (11): 2071－2085.

[152] 薛缠明．基于 C# 的煤矿 FTP 上传服务系统的设计与实现 [D]．太原：太原理工大学，2015.

[153] 王子香．基于 MATLAB 与 C# 混合编程的图像检索系统 [D]．西安：西安工业大学，2015.

[154] 蔡毅，严家平，陈孝杨，等．表生作用下煤矸石风化特征研究——以淮南矿区为例 [J]．中国矿业大学学报，2015，44（5）：937－943.

[155] 闫鹏程，周孟然，刘启蒙，等．LIF 技术与 SIMCA 算法在煤矿突水水源识别中的研究 [J]．光谱学与光谱分析，2016，1（36）：243－247.

[156] 于斌．大同矿区特厚煤层综放开采强矿压显现机理及顶板控制研究 [D]．徐州：中国矿业大学，2014.